综合布线
工程设计

ZONGHE BUXIAN GONGCHENG SHEJI

舒雪姣　阳　春◎主编

U0316921

中国铁道出版社有限公司
CHINA RAILWAY PUBLISHING HOUSE CO., LTD.

内 容 提 要

本书是面向新工科 5G 移动通信"十三五"规划教材中的一种,全面介绍综合布线工程的系统设计、工程施工和工程验收的技术标准、原理和方法。全书分为理论篇、实战篇、案例篇,主要内容有:综合布线基础理论、综合布线系统设计、综合布线工程施工、综合布线工程验收、各类综合布线仪表及设备的使用以及综合布线工程案例的分析等内容。

本书概念清晰、内容翔实、理论与实际紧密联系,突出实践,适合作为高等院校通信工程、计算机网络及其相关专业的教学参考书,也可作为从事综合布线系统设计、施工、管理和维护的技术人员的参考用书。

图书在版编目(CIP)数据

综合布线工程设计/舒雪姣,阳春主编 . —北京:中国铁道
出版社有限公司,2020.3(2023.8 重印)
面向新工科 5G 移动通信"十三五"规划教材
ISBN 978-7-113-26365-2

Ⅰ.①综… Ⅱ.①舒… ②阳… Ⅲ.①计算机网络—布线—
高等学校—教材 Ⅳ.①TP393.033

中国版本图书馆 CIP 数据核字(2019)第 277464 号

书　　名:**综合布线工程设计**
作　　者:舒雪姣　阳　春

策　　划:韩从付　　　　　　　　　　　编辑部电话:(010)63549501
责任编辑:周海燕　刘丽丽　卢　笛
封面设计:MXK DESIGN STUDIO
责任校对:张玉华
责任印制:樊启鹏

出版发行:中国铁道出版社有限公司(100054,北京市西城区右安门西街 8 号)
网　　址:http://www.tdpress.com/51eds/
印　　刷:北京铭成印刷有限公司
版　　次:2020 年 3 月第 1 版　2023 年 8 月第 2 次印刷
开　　本:787 mm×1 092 mm　1/16　印张:14.5　字数:310 千
书　　号:ISBN 978-7-113-26365-2
定　　价:48.80 元

编委会

主 任：

张光义 中国工程院院士、西安电子科技大学电子工程学院信号与信息处理学科教授、博士生导师

副 主 任：

朱伏生 广东省新一代通信与网络创新研究院院长

赵玉洁 中国电子科技集团有限公司第十四研究所规划与经济运行部副部长、研究员级高级工程师

常务委员：（按姓氏笔画排序）

王守臣 杭州电瓦特信息技术有限责任公司总裁

汪 治 广东新安职业技术学院副校长、教授

宋志群 中国电子科技集团有限公司通信与传输领域首席科学家

周志鹏 中国电子科技集团有限公司第十四研究所首席专家

郝维昌 北京航空航天大学物理学院教授、博士生导师

荆志文 中国铁道出版社有限公司教材出版中心主任、编审

序　一

全球经济一体化促使信息产业高速发展,给当今世界人类生活带来了巨大的变化,通信技术在这场变革中起着至关重要的作用。通信技术的应用和普及大大缩短了信息传递的时间,优化了信息传播的效率,特别是移动通信技术的不断突破,极大地提高了信息交换的简洁化和便利化程度,扩大了信息传播的范围。目前,5G通信技术在全球范围内引起各国的高度重视,是国家竞争力的重要组成部分。中国政府早在"十三五"规划中已明确推出"网络强国"战略和"互联网+"行动计划,旨在不断加强国内通信网络建设,为物联网、云计算、大数据和人工智能等行业提供强有力的通信网络支撑,为工业产业升级提供强大动力,提高中国智能制造业的创造力和竞争力。

党的二十大报告指出:"教育、科技、人才是全面建设社会主义现代化国家的基础性、战略性支撑。必须坚持科技是第一生产力、人才是第一资源、创新是第一动力,深入实施科教兴国战略、人才强国战略、创新驱动发展战略,开辟发展新领域新赛道,不断塑造发展新动能新优势。"近年来,为适应国家建设教育强国的战略部署,满足区域和地方经济发展对高学历人才和技术应用型人才的需要,国家颁布了一系列发展普通教育和职业教育的决定。2017年10月,习近平总书记在党的十九大报告中指出,要提高保障和改善民生水平,加强和创新社会治理,优先发展教育事业。要完善职业教育和培训体系,深化产教融合、校企合作。2022年1月召开的2022年全国教育工作会议指出,要创新发展支撑国家战略需要的高等教育。推进人才培养服务新时代人才强国战略,推进学科专业结构适应新发展格局需要,以高质量的科研创新创造成果支撑高水平科技自立自强,推动"双一流"建设高校为加快建设世界重要人才中心和创新高地提供有力支撑。《国务院关于大力推进职业教育改革与发展的决定》指出,要加强实践教学,提高受教育者的职业能力,职业学校要培养学生的实践能力、专业技能、敬业精神和严谨求实作风。

现阶段,高校专业人才培养工作与通信行业的实际人才需求存在以下几个问题:

一、通信专业人才培养与行业需求不完全适应

面对通信行业的人才需求,应用型本科教育和高等职业教育的主要任务是培养更多更好的应用型、技能型人才,为此国家相关部门颁布了一系列文件,提出了明确的导向,但现阶段高等职业教育体系和专业建设还存在过于倾向学历化的问题。通信行业因其工程性、

实践性、实时性等特点,要求高职院校在培养通信人才的过程中必须严格落实国家制定的"产教融合,校企合作,工学结合"的人才培养要求,引入产业资源充实课程内容,使人才培养与产业需求有机统一。

二、教学模式相对陈旧,专业实践教学滞后比较明显

当前通信专业应用型本科教育和高等职业教育仍较多采用课堂讲授为主的教学模式,学生很难以"准职业人"的身份参与教学活动。这种普通教育模式比较缺乏对通信人才的专业技能培训。应用型本科和高职院校的实践教学应引入"职业化"教学的理念,使实践教学从课程实验、简单专业实训、金工实训等传统内容中走出来,积极引入企业实战项目,广泛采取项目式教学手段,根据行业发展和企业人才需求培养学生的实践能力、技术应用能力和创新能力。

三、专业课程设置和课程内容与通信行业的能力要求多有脱节,应用性不强

作为高等教育体系中的应用型本科教育和高等职业教育,不仅要实现其"高等性",也要实现其"应用性"和"职业性"。教育要与行业对接,实现深度的产教融合。专业课程设置和课程内容中对实践能力的培养较弱,缺乏针对性,不利于学生职业素质的培养,难以适应通信行业的要求。同时,课程结构缺乏层次性和衔接性,并非是纵向深化为主的学习方式,教学内容与行业脱节,难以吸引学生的注意力,易出现"学而不用,用而不学"的尴尬现象。

新工科是教育部基于国家战略发展新需求、适应国际竞争新形势、满足立德树人新要求而提出的我国工程教育改革方向。探索集前沿技术培养与专业解决方案于一身的教程,面向新工科,有助于解决人才培养中遇到的上述问题,提升高校教学水平,培养满足行业需求的新技术人才,因而具有十分重要的意义。

本套书第一期计划出版 15 册,分别是《光通信原理及应用实践》《综合布线工程设计》《光传输技术》《无线网络规划与优化》《数据通信技术》《数据网络设计与规划》《光宽带接入技术》《5G 移动通信技术》《现代移动通信技术》《通信工程设计与概预算》《分组传送技术》《通信全网实践》《通信项目管理与监理》《移动通信室内覆盖工程》《WLAN 无线通信技术》。套书整合了高校理论教学与企业实践的优势,兼顾理论系统性与实践操作的指导性,旨在打造为移动通信教学领域的精品图书。

本套书围绕我国培育和发展通信产业的总体规划和目标,立足当前院校教学实际场景,构建起完善的移动通信理论知识框架,通过融入黄冈教育谷培养应用型技术技能专业人才的核心目标,建立起从理论到工程实践的知识桥梁,致力于培养既具备扎实理论基础又能从事实践的优秀应用型人才。

本套书的编者来自中国电子科技集团、广东省新一代通信与网络创新研究院、南京理工大学、黄冈教育谷投资控股有限公司等单位,包括广东省新一代通信与网络创新研究院

院长朱伏生、中国电子科技集团赵玉洁、黄冈教育谷投资控股有限公司徐巍、舒雪姣、徐志斌、兰剑、姚中阳、胡良稳、蒋志钊、阳春、袁彬等。

　　本套书如有不足之处，请各位专家、老师和广大读者不吝指正。希望通过本套书的不断完善和出版，为我国通信教育事业的发展和应用型人才培养做出更大贡献。

张志文

2022 年 12 月

序 二

现今,ICT(信息、通信和技术)领域是当仁不让的焦点。国家发布了一系列政策,从顶层设计引导和推动新型技术发展,各类智能技术深度融入垂直领域为传统行业的发展添薪加火;面向实际生活的应用日益丰富,智能化的生活实现了从"能用"向"好用"的转变;"大智物云"更上一层楼,从服务本行业扩展到推动企业数字化转型。中央经济工作会议在部署 2019 年工作时提出,加快 5G 商用步伐,加强人工智能、工业互联网、物联网等新型基础设施建设。5G 牌照发放后已经带动移动、联通和电信在 5G 网络建设的投资,并且国家一直积极推动国家宽带战略,这也牵引了运营商加大在宽带固网基础设施与设备的投入。

5G 时代的技术革命使通信及通信关联企业对通信专业的人才提出了新的要求。在这种新形势下,企业对学生的新技术和新科技认知度、岗位适应性和扩展性、综合能力素质有了更高的要求。从相关调研与数据分析看,通信专业人才储备明显不足,仅 10% 的受访企业认可当前人才储备能够满足企业发展需求。相关的调研显示,为应对该挑战,超过 50% 的受访企业已经开展 5G 相关通信人才的培养行动,但由于缺乏相应的培养经验、资源与方法,人才培养投入产出效益不及预期。为此,黄冈教育谷投资控股有限公司再次出发,面向教育领域人才培养做出规划,为通信行业人才输出做出有力支撑。

本套书是黄冈教育谷投资控股有限公司面向新工科移动通信专业学生及对通信感兴趣的初学人士所开发的系列教材之一。以培养学生的应用能力为主要目标,理论与实践并重,并强调理论与实践相结合。通过校企双方优势资源的共同投入和促进,建立以产业需求为导向、以实践能力培养为重点、以产学结合为途径的专业培养模式,使学生既获得实际工作体验,又夯实基础知识,掌握实际技能,提升综合素养。因此,本套书注重实际应用,立足于高等教育应用型人才培养目标,结合黄冈教育谷投资控股有限公司培养应用型技术技能专业人才的核心目标,在内容编排上,将教材知识点项目化、模块化,用任务驱动的方式安排项目,力求循序渐进、举一反三、通俗易懂,突出实践性和工程性,使抽象的理论具体化、形象化,使之真正贴合实际、面向工程应用。

本套书编写过程中,主要形成了以下特点:

(1)系统性。以项目为基础、以任务实战的方式安排内容,架构清晰、组织结构新颖。先让学生掌握课程整体知识内容的骨架,然后在不同项目中穿插实战任务,学习目标明确,实战经验丰富,对学生培养效果好。

（2）实用性。本套书由一批具有丰富教学经验和多年工程实践经验的企业培训师编写,既解决了高校教师教学经验丰富但工程经验少、编写教材时不免理论内容过多的问题,又解决了工程人员实战经验多却无法全面清晰阐述内容的问题,教材贴合实际又易于学习,实用性好。

（3）前瞻性。任务案例来自工程一线,案例新、实践性强。本套书结合工程一线真实案例编写了大量实训任务和工程案例演练环节,让学生掌握实际工作中所需要用到的各种技能,边做边学,在学校完成实践学习,提前具备职业人才技能素养。

本套书如有不足之处,请各位专家、老师和广大读者不吝指正。以新工科的要求进行技能人才培养需要更加广泛深入的探索,希望通过本套书的不断完善,与各界同仁一道携手并进,为教育事业共尽绵薄之力。

2022 年 12 月

近几年,数据中心发展迅速,与数据中心相关的各种系统、各种设备快速升级,推进了综合布线的发展。本书介绍综合布线基本概念、技术标准、系统设计与施工的基本知识和技术,重点介绍综合布线工程设计技能要点和工程组织及施工实践操作等内容。本书共分三个板块对综合布线工程设计与实施知识进行详细讲解,分为理论篇、实战篇和案例篇。其中,理论篇主要包含综合布线系统基础知识与技术标准、综合布线设计标准和原理、综合布线施工技术与规范、综合布线工程测试的原理与技术参数等内容,同时还讲解综合布线工程验收的流程、内容和标准。在实战篇里主要结合项目案例讲解各类综合布线设备和仪表的作用、特点和使用方法,综合布线网络拓扑结构、综合布线系统和综合布线施工的设计与绘制。案例篇主要分析在综合布线工程项目中经常出现的各类典型案例,比如校园网络和住宅小区综合布线工程项目的规划、设计和实施的技能要点和流程、综合布线工程项目的管理和工程验收流程和技能点等,通过对案例的深入分析,介绍在实际操作中可能会遇到的问题和解决这些问题的办法,提高对知识的全面掌握。

本书在内容和编写上具有以下特点:

(1)教材知识内容涵盖全面,循序渐进。本书从综合布线基础理论开始,逐步学习并实践综合布线设计、施工和验收的技术标准和方法,也配合工程应用中的各类案例进行分析和进一步巩固完善知识内容。

(2)教材内容注重实际应用及操作。书中介绍了大量综合布线系统设计和施工操作,能够让学员将理论知识与实际应用更好地结合,学以致用。

(3)教材以任务切入,配合案例分析和思考练习,更适合教学。本书以项目制引入所学知识,通过一个个项目的分解将重要知识点融入学习过程中,同时也强化了技能应用方面的内容,配以每个项目后的习题全方位地梳理重要知识内容。

本书适合作为高等院校通信工程、计算机网络及其相关专业的教学参考书,也可作为从事综合布线系统设计、施工、管理和维护的技术人员的参考用书。

网络综合布线的发展迅速,加之编者水平有限,书中难免会有疏漏和不妥之处,敬请广大读者批评指正。

编 者

2019 年 9 月

目 录
CONTENTS

理 论 篇

◎实 战 篇

◎案 例 篇

理 论 篇

引言

在 1985 年前的布线系统没有标准化,其中有几个原因。 首先,本地电话公司总是关心他们的基本布线要求。 其次,使用主机系统的公司要依靠其供货商来安装符合系统要求的布线系统。 随着计算机技术的日益成熟,越来越多的机构安装了计算机系统,而每个系统都需要自己独特的布线和连接器。 客户开始抱怨每次他们更改计算机平台的同时也不得不相应改变其布线方式。 为赢得并保持市场的信任,计算机通信工业协会(CCIA)与电子工业协会(EIA)联合开发建筑物布线标准。 讨论从 1985 年开始,并取得一致,认为商用和住宅的语音和数据通信都应有相应的标准。

随着全球社会信息化与经济国际化的深入发展,信息网络系统变得越来越重要,已经成为一个国家最重要的基础设施,是一个国家经济实力的重要标志。 网络布线是信息网络系统的"神经系";网络系统规模越来越大,网络结构越来越复杂,网络功能越来越多,网络管理维护越来越困难,网络故障系统的影响也越来越大。 网络布线系统关系到网络的性能、投资、使用和维护等诸多方面,是网络信息系统不可分割的重要组成部分。 综合布线系统是智能化建筑连接"3A"系统的基础设施。

随着云计算、大数据、"互联网+"的兴起,无论个人还是企业,对网络的需求日益增长,综合布线系统已经跟照明、供暖、电力一样,变成建筑的基础建设项目之一,因此,综合布线的市场近几年一直在稳步增长。

学习目标

(1)熟悉智能建筑和综合布线的概念以及相关知识,掌握综合布线主要技术概要、系统标准、相关应用以及最新技术进展。

(2)掌握网络传输介质双绞线、同轴电缆和光缆的结构、分类、用途以及性能指标和技术参数。

（3）掌握综合布线系统设计标准与准则，综合布线系统七个子系统的设计规范与要求，产品选型与材料预算原则与方法，以及综合布线系统图与施工图纸的绘制方法。

（4）掌握综合布线施工技术规范和操作要求，各类槽管及器件的安装敷设规范与方法，以及线缆敷设的技术、信息模块端接技术、光缆连接与敷设技术。

（5）掌握工程测试认证测试的标准与模型，以及工程测试中的方法、技术和策略。

知识体系

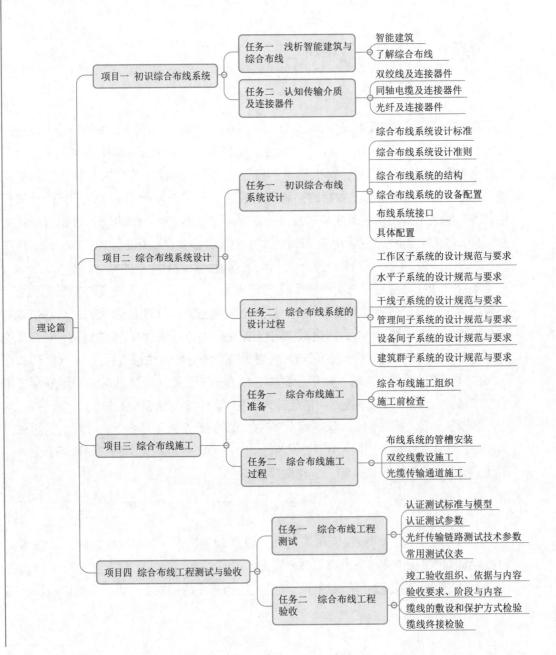

项目一 初识综合布线系统

任务一 浅析智能建筑与综合布线

任务描述

本任务主要介绍智能建筑和网络综合布线的相关知识,包括智能建筑的概念与组成,综合布线的发展过程、特点、经济分析、应用以及标准化组织。

任务目标

①了解综合布线在我国的产业化现状。
②熟悉智能建筑的定义、系统组成以及各子系统的功能。
③掌握综合布线的发展历程以及相关应用。

任务实施

一、智能建筑

1.通信系统

通信系统(语音系统、局域网或数据系统)是各行业必不可少的一部分。实际上,大多数行业都要依靠其通信系统来保持行业竞争力,简化业务操作过程,提高通信效率并把最新的服务提供给客户。

通信系统涵盖了语音系统、信息处理系统和信号发射系统,这些系统将众多用户联系在一起,以便他们可以进行信息交流和信息资源的共享。通常,每张办公桌上都会有一部电话和一台数据终端。在处理日常事务中,两种最普遍的通信系统是电话系统和局域网。电话系统无外乎打电话、接电话。局域网使人们可以通过 PC 进行数据文件和电子邮件消息的发送和接收。大部分公司都将局域网接上了 Internet,这使得网络用户可以在 Internet 上查询他们需要的信息、收发数据文件和通过电子邮件来传递信息。

大多数通信系统的一个共同点就是需要通信电缆将信号分送给系统用户或设备。所有的通信系统都会使用某种通信电缆将系统信号传递给系统用户或设备。例如,一部电话需要一条电缆从交换机连向用户的办公桌。电缆的终端是工作区的一个插座,电话线的连接器就插在这个插座上,这样电话就可以工作了。电缆可将电源提供给电话,使信号的发送和接收成为可能。没有这根电缆将电话和交换机连接起来,电话就不能工作。

在商用大楼中,有4种通信系统需要通信电缆。包括:电话系统、局域网、楼宇自动控制系统(BACS)、声音系统。

电话系统需要通信电缆将各个用户的电话与一个中心交换机连接起来,数据系统由连接在中心计算机系统的主机或者小型机的数据终端组成。通信电缆将这些终端与中心计算机系统或者与计算机系统相连的控制设备连接起来。在局域网中,PC可以与同一栋楼或同一个楼群的其他PC连接起来,达到资源共享的目的。局域网中PC的互连是通过通信电缆将交换机和其他PC的网卡相连。局域网楼宇自动控制系统是通过通信电缆将各个传感器和中心机房相连。

1)电话系统

电话系统描述了提供电话服务的各种设备。电话系统至少包括两部电话及连接电话的通信电缆,如图1-1所示。

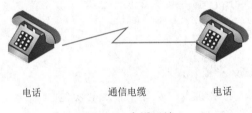

电话　　　　　　通信电缆　　　　　电话

图1-1　电话系统

电话可以将语音信号转换成电信号,然后通过电缆传输,并被另一部电话接收。然后接收方将接收到的电信号转换成原始的声音信号。这种简单的电话系统只能被两个人使用。

因为人们需要和很多人通话,所以实际上电话系统要比上面的通话系统复杂得多。此外,很多公司和住宅都有两部或两部以上电话,这就需要增添一个电话交换机,如图1-2所示。交换机用来将多部电话连接在一起,使得连接到交换机上的电话都能互通,同时也可以与外界联系。

交换机

通信电缆

图1-2　电话交换实例

大多数住宅只需要通过电信局接入一条电话线,这条电话线经过交接箱和地下电缆接入电信局的交换机。或如图 1-2 所示,四部电话通过交换机组成一个电话网,然后通过交换机和电信局相连,与外界联系。但是很多公司和机构需要接入多根电话线,这样使得公司和机构的职员与外界联系时,不至于相互影响,这需要一台有多根接入电信局的通信电缆的交换机。此时,人员较少的公司和机构可以购买小型电话交换机,称为 KSU(Key Service Units),即键控服务单元,该单元可以接入数目固定的电话线和电话。人员较多的公司和机构需要购买大型电话交换机,称为 PBX(Private Branch Exchange),该交换机支持数百根电话线和数千部电话,但是价格昂贵。

2)局域网(LAN)

IEEE 对局域网的定义是:"在适度地理区域内将一定数量的设备相互连接在一起的数据通信系统"。局域网于 20 世纪 80 年代早期出现。1980 年,IBM 将第一台 PC 推向市场,这些新型的计算机互连在一起组成第一个局域网。

PC 本身不能和外界通信,必须借助局域网这一主要形式互连和共享信息。局域网可以让PC 共享应用程序软件和文件。此外,在局域网中,还有一些外围设备,如打印机等。局域网同时还可将分散的 PC 用户连成一个用户组。

局域网一般由以下 4 部分组成。

(1)计算机

局域网中的计算机可以接收和发送信息。它与交换机相连,既可以作为一个工作站,也可以作为一个服务器。

(2)网卡(NIC)

一个安装在计算机中的硬件,它可以帮助计算机解释网络通信的规则。

(3)通信电缆

网卡和集线器或者交换机之间的传输介质,通常是双绞线或者光缆。

(4)局域网交换机

交换机与集线器一样具有同样的功能,但是与集线器不同,它为连接的计算机提供标称的带宽,而集线器只能为连接的所有计算机共享标称的带宽。

局域网(见图 1-3)是传输速率在 10 Mbit/s～10 Gbit/s 之间的高速通信网络。凭借相当高的信号传输速率,局域网可以支持一个小的地理区域的通信。通常,局域网主要支持一个楼层、一幢大楼甚至一个园区的通信。

通信电缆是局域网中最重要的部分,保证设备相互之间数字信号的传送并且保持数据帧正确无误。局域网中的每个工作站都需要一根专用的通信电缆接到集线器或者交换机端口上。

注意:局域网对通信电缆的质量要求较高,低质量的电缆会使局域网传输错误增多,并降低系统的可靠性和吞吐能力。

3)楼宇自动控制系统(BACS)

楼宇自动控制系统(Building Automation and Control System,BACS)是以楼宇环境管理和安全管理为目的的信息管理系统。楼宇自动管理系统又称楼宇自动化系统(Building Automation System,BAS),它由如下重要的建筑系统构成:

- 供暖、通风和空调装置；
- 能源管理系统；
- 火警系统；
- 安全、入口控制和闭路电视监控系统。

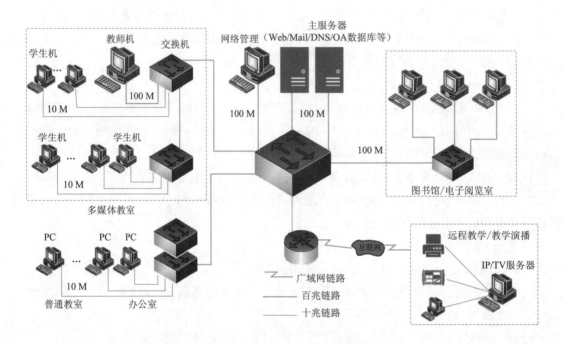

图1-3 某单位中心计算机局域网络拓扑示意图

所有的楼宇系统都是节能系统,其通过通信总线实现系统设备之间的信号传输。这些系统设备之间需要连接通信电缆,通信电缆使系统设备之间的信号传输和信息资源的共享成为可能,并使得系统设备能够协同操作。

所有楼宇自动控制系统都遵循这种模式:一个中心控制单元和多个分布式的系统传感器或者设备,每个传感器都使用通信电缆与中心控制单元的端口相连,通信电缆的作用相当于通信总线。分布式传感器监视整个楼宇环境,并将收集到的信息以数字信号或者模拟信号的形式传给中心控制单元。中心控制单元还通过通信电缆保证整个分布式传感设备的电源供应。

(1)供暖、通风和空调系统(HVAC)

HVAC系统可以调节整个大楼的湿度、温度及楼宇环境。在基于户外和户内的条件下,HVAC系统对大楼的室内环境进行调节,为人们提供一个舒适的环境,并且对能源的使用进行控制。

HVAC系统有一个中心控制单元系统。温度计遍及大楼内部,这些设备用通信电缆与中心控制单元相连。预置开关会触发中心控制单元,开启一个机械装置,从而将环境的温度和湿度都控制在一个较小的变化范围内。

HVAC系统通过循环制冷和加热盘管内的水来调节室内温度。风扇对这些盘管吹风以调节室内温度。HVAC系统的中心控制单元通过控制空气流量来调整气压、气流速度、风扇速度。

通信电缆将系统温度调节装置和中心控制单元连接起来。必须正确安装通信电缆,才能保证系统工作的可靠性,假如在选择和安装电缆的过程中出现错误,往往会导致系统不能正常工作或者经常出现故障。

（2）能源管理系统

设计能源管理系统（Energy Management System,EMS)是为了保证 HVAC 系统工作的效率和节约能源。能源管理系统的主要功能是提高 HVAC 系统的工作效率、集中控制照明系统、统一管理 HVAC 系统和照明系统。

能源管理系统由一个中心控制器和布置在大楼内的多个传感器组成。传感器和中心控制器通过通信电缆相连。

EMS 中的传感器还与中心控制器相连,控制器中的程序规定了一天中不同时间的温度,温度传感器监测周围环境中的温度和湿度,如果周围环境的温度和湿度超过了程序规定水平,EMS 系统将会开启空气调节装置或者室内温度照明系统来调节环境温度和湿度。

中心控制器的程序化流程如下:

①HVAC 系统的开关时间:为整个 HVAC 系统确定最有效的开关时间。

②照明系统的开启和控制:可根据空间占用情况、光线采集水平和能源消耗情况有效利用照明系统。

（3）火警系统

火警系统监视楼内的火焰、烟雾及可能威胁人们生命财产的热量聚集情况,它由同时工作的三部分组成:

①传感器:作用是监控楼内情况。

②喷水消防装置:作用是灭火。

③警示灯和喇叭:作用是报警。

一个火警系统装置包括一个中心火警控制面板和许多传感器。其中,中心火警控制面板具有探测、灭火、报警功能。

通常,多个火警传感器共同服务于一个楼宇区域,一般为一个楼层。这些传感器用通信电缆与火警控制面板的一个端口相连。连接传感器与火警控制面板的端口需要两根线。一个楼宇区域内的传感器以菊花链的形式相互连接。覆盖整个楼宇区域控制面板有两个端口,其中一个作为容错端口。传感器可以是可寻址的也可以是不可寻址的。可寻址传感器能帮助系统操作人员定位出事地点。

火警传感器通过通信电缆与控制面板通信,如果火警控制面板收到来自传感器的火警信号,就会启动灭火装置和报警装置。

火警系统也可以与其他的楼宇控制系统集成在一起,共同构建一个安全的楼宇环境,这其中包括:

与 HVAC 系统集成在一起。在发生火灾时自动关闭风扇和节气阀,防止烟雾、热量和有毒气体随排气系统扩散。

与安全系统集成在一起。在发生火灾时自动打开安全出口并让一些自动控制门能够以人工方式打开,以提供其他安全通道。安全系统还可以关闭大楼内部的通道以防止烟雾和火势蔓延,并且使这些内部通道依然保持在人工可操作状态。

与电气系统集成在一起。在发生火灾时启动紧急照明系统,同时对电梯进行控制,防止其被使用。

火警系统的通信电缆是极为重要的系统部件,因为它负责传感器和中心控制面板的连接。错误的布线会使传感器探测到火险而不能将其报告给中心控制面板。火警系统要求电缆类型正确,还要求端接正确。不正确的电缆选择和端接将会导致系统错误和可靠性的降低。

(4)安全、入口控制和闭路电视监控系统

安全系统为人们提供了一个安全、可控制的楼内操作环境。安全系统由以下系统构成:

- 对入侵者进行监测的报警系统;
- 对楼内特定区域限制进出的控制系统;
- 对楼内空间和地面进行全天候监视的闭路电视监控系统。

安全和入口控制系统可以不间断地报告非授权事件的闯入,这种综合系统还可以对楼内某一特定区域的所有出入(授权的和非授权的)进行记录,并创建访问日志。访问日志记录了对所有用户都开放的楼宇区域的出入时间和只对特定用户开放的楼宇区域的出入时间。

安全系统由中心控制单元、传感器和磁触点组成。这些传感器和磁触点分布在大楼内部并用通信电缆与中心控制单元相连。一旦中心控制单元被激活,安全系统就开始对传感器进行监视,这些传感器主要负责探测玻璃碎裂、震动、门窗上磁触点的脱离。系统启动时会产生有声或无声的警报,系统会将初始化的信息通过电话线传给监控设备。

入口控制系统由中心控制单元和进入点组成,进入点用通信电缆与中心控制单元相连。进入点主要为磁卡读卡机、按键座(Key Pad)或一些生物传感设备。进入点收集用户信息(如磁卡序列号、口令或指纹等)并将它们传给中心控制单元确认。一旦用户的身份和进入许可被确认后,控制单元就把门打开。

通信电缆为安全和入口控制系统提供了传输系统信号的通道,只有通信电缆安装准确无误,将系统信号传送给中心控制单元,系统的整体可靠性才能得到保证。

闭路电视(Closed Circuit Television)系统是出于安全目的而构建的视频网络,它由分在一栋楼内或一个楼区的多个摄像头组成。这些摄像头用同轴电缆与一个数据转发器连接起来,采集到的视频信号通过电缆传给数据转发设备,数据转发设备再将这些视频信号转发给办公室内的监视器,达到监控的目的。

同轴电缆在闭路电视系统中具有极其重要的地位,为了让电缆能够正常工作,必须选择合适的电缆,端接程序必须正确。闭路电视系统如果存在布线问题,则可能导致系统根本无法正常工作或出现间歇性系统错误。此外,如果电缆类型选择不对或者电缆端接错误,视频网络可能会出现信号失真,如图像变形或图像模糊不清。

4)声音系统

声音系统是另外一种常见的通信系统,许多居民楼和商业大楼中都安装了这种系统。声音系统一般采取呼叫系统或语音广播系统。呼叫系统是在一栋楼或一个小区进行信息广播的系统。语音广播系统通常在百货商店或者超市使用,一般用来播放背景音乐,以营造良好的购物环境。

所有的声音系统都由以下4部分组成:

①声源:声源可以是一个麦克风或者一个音乐源,声源发出的声音要在整个区域内广播。

②放大器:放大器把声音信号放大并把信号送到各个端口。声源把信号输入放大器,如果声音信号没有转换成电信号,放大器可以完成这项功能,放大以后的电信号被送往各个端口。

③通信电缆:通信电缆用来把放大的通信信号传送给扬声器。通信电缆通常是束状铜缆,把放大器和扬声器连接起来。

④扬声器:扬声器将电信号转换成声音信号。扬声器通常安装在天花板上或墙上,彼此隔开,覆盖特定的区域。

声音系统对于人员比较多的建筑(如飞机场、百货商店、体育馆等)是必不可少的。它传播给区域内的人员以声音的信息,在噪声较大的情况下更显得重要。

通信电缆是声音系统中的重要部件。为了让系统各个部分工作正常,必须选择正确的电缆和阻抗。如果电缆阻抗不匹配,将会缩短系统放大器的使用寿命。此外,通信电缆的尺寸必须与扬声器所需功率匹配,如果电缆尺寸过小,则会导致音量过低。

2.定义智能建筑

智能建筑是传统建筑工程和新兴信息技术相结合的产物。智能建筑是指运用系统工程的观点,将建筑物的结构(建筑环境结构)、系统(智能化系统)、服务(住户、用户需求服务)和管理(物业运行管理)4个基本要素进行优化组合,提供一个拥有高效率的便利、快捷、高度安全的环境空间。智能建筑物能够帮助建筑物的主人、财产的管理者和拥有者等在诸如费用开支、生活舒适、商务活动和人身安全等方面得到最大利益的回报。

其中结构和系统方面的优化是指将4C(即Computer:计算机、Control:自动控制、Communication:通信、CRT:图形显示)技术和集成(Integration)技术综合应用于建筑物之中,在建筑物内建立一个计算机综合网络,使建筑物具有智能化。

智能建筑要满足两个基本要求:

①对使用者来说,智能建筑应能提供安全、舒适、快捷的优质服务,有一个利于提高工作效率、激发人的创造性的环境。

②对管理者来说,智能建筑应当建立一套先进、科学的综合管理机制,不仅要求硬件设施先进,软件方面和管理人员(使用人员)素质也要相应配套,以达到节省能耗和降低人工成本的效果。

3.分析智能建筑的组成

智能建筑是楼宇自动化系统、通信自动化系统和办公自动化系统三者通过结构化综合布线系统和计算机网络技术的有机集成。其中建筑环境是智能建筑的支持平台,智能业务集成管理系统如图1-4所示。

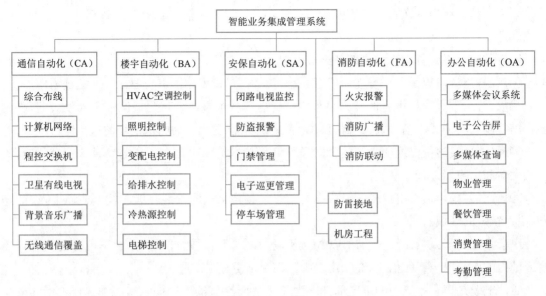

图 1-4 智能业务集成管理系统

1)楼宇自动化系统(BAS)

BAS 的功能是调节、控制建筑内的各种设施,包括变配电、照明、通风、空调、电梯、给排水、消防、安保、能源管理等。检测、显示其运行参数,监视、控制其运行状态,根据外界条件、环境因素、负载变化情况自动调节各种设备,使其始终运行于最佳状态;自动监测并处理诸如停电、火灾、地震等意外事件;自动实现对电力、供热、供水等能源的使用、调节与管理,从而保障工作或居住环境既安全可靠,又节约能源,而且舒适宜人。

BAS 按建筑设备和设施的功能划分为 9 个子系统,如表 1-1 所示。

表 1-1 楼宇自动化子系统

子系统名称	子系统功能
变配电控制子系统	监视变电设备各高低压主开关动作状况及故障报警;自动检测供配电设备运行状态及参数;监理各机房供电状态;控制各机房设备供电;自动控制停电/复电;控制应急电源供电顺序等
照明控制子系统	控制各楼层门厅及楼梯照明定时开关;控制室外泛光灯定时开关;控制停车场照明定时开关;控制舞台艺术灯光开关及调光设备;显示航空障碍灯点灯状态及故障警报;控制事故应急照明;监测照明设备的运行状态等
通风空调控制子系统	监测空调机组状态;测量空调机组运行参数;控制空调机组的最佳开/停时间控制空调机组预定程序;监测新风机组状态;控制新风机组的最佳开/停时间;控制新风机组预定程序;监测和控制排风机组;控制能源系统工作的最佳状态等
给排水设备控制子系统	测量用水量及排水量;检测污物、污水池水位及异常警报;检测水箱水位;控制过渡公共饮水、控制杀菌设备、监测给水水质;控制给排水设备的启停;监测和控制卫生、污水处理设备运转及水质等
车库自动化子系统	出入口票据验证及电动栏杆开闭;自动计价收银;停车位调度控制;车牌识别;车库送排风设备控制等

子系统名称	子系统功能
消防自动化子系统	火灾监测及报警;各种消防设备的状态检测与故障警报;自动喷淋、泡沫灭火、卤代烷灭火设备的控制;火灾时供配电及空调系统的联动;火灾时紧急电梯控制;火灾时的防排烟控制;火灾时的避难引导控制;火灾时紧急广播的操作控制;消防系统有关管道水压测量等
安保自动化子系统	探测器系统在入侵发生时报警;设置与探测同步的照明系统;巡更值班系统;栅栏和振动传感器组成的周界报警防护系统;砖墙上加栅栏结构,配置振动、冲击传感器组成的周界报警防护系统;以主动红外入侵探测器、阻挡式微波探测器或地音探测装置组成的周界报警防护系统;用隔音墙、防盗门窗及振动冲击传感器组成的周界报警防护系统等。防灾报警系统主要功能有煤气及有害气体泄漏的检测,漏电的检测;温水的检测;选定时的自动引导系统控制等
公共广播与背景音乐子系统	用软件程序控制播音;可根据需求,分区或分层播放不同的音响内容;广播、背景音乐及扬声器线路检测功能;紧急广播和背景音乐采用同一套系统设备和线路,当发生紧急事故(如火灾)时,可根据程序指令自动切换到紧急广播工作状态;火灾报警时,可进行报警层与相邻上下两层的报警广播;提供任何事件的报警联动广播;手动切换的实时广播等
多媒体音像系统	把自然声源(如唱歌、演奏、演讲等)的声音信号加以增强,提高听众的声压级,使远离声源的听众也能清晰地听到声源发出的声音。会议声频系统由主席机(含麦克风和控制器)、控制主机和若干代表机(含麦克风和登记申请发言按键)组成,大型国际会议系统由数字会议网(DCN)构成;同声传译系统是将一种语言同时翻译成两种或两种以上语言的声频系统;立体声电影放声系统采用放映室内的杜比声道还音系统,利用标准机柜将电影录音,经功放分若干路引至观众厅四周的扬声器组,以达到最佳的立体声效果;VOD系统有随时自主点播精彩影视、各种账单查询、宾馆酒店信息查询、查看交通信息、气象预报、股市行情、商业信息、完成电视购物、卡拉OK音乐点播、E-mail、浏览Internet、收看闭路电视等功能。系统自动完成点播计费并可与宾馆酒店计算机管理系统连接

2)通信自动化系统(Communication Automation System,CAS)

CAS按功能划分为8个子系统,如表1-2所示。

表1-2　通信自动化子系统

子系统名称	子系统功能
固定电话通信系统	实现电话通信
声讯服务通信系统	具有存储外来语音,使电话用户通过信箱密码提取语音留言;可自动向具有该语音信箱的客户提供呼叫(当语音信箱系统和无线寻呼系统连接后),通知其提取话音留言;通过电话查询有关信息并及时应答服务的功能
无线通信系统	具备选择呼叫和群呼功能
卫星通信系统	屋顶安装卫星收发天线和VAST通信系统,与外部构成语音和数据通道,实现远距离通信的目的
多媒体通信系统 (包括Internet和Intranet)	可以通过电话网、分组数据网、帧中继网(FR)接入,采用TCP/IP协议。Intranet是一个企业或集团的内部计算机网络
视讯服务系统	接收动态图文信息;具有存储及提取文本、传真、电传等邮件的功能;通过具有视频压缩技术的设备向系统的使用者提供显示近处或远处可观察的图像并进行同步通话的功能
有线电视系统	接收加密的卫星电视节目以及加密的数据信息
计算机通信网络系统	满足数据通信的需要

3)办公自动化系统(Office Automation System,OAS)

OAS分为办公设备自动化系统和物业管理系统。办公设备自动化系统要具有数据处理、文字处理、邮件处理、文档资料处理、编辑排版、电子报表和辅助决策等功能。对具有通信功能的多机事务处理型办公系统,应能担负起电视会议、联机检索和图形、图像、声音等处理任务。物业管理系统不但包括原传统物业管理的内容,即日常管理、清洁绿化、安全保卫、设备运行和维护,也增加了新的管理内容,如固定资产管理(设备运转状态记录及维护、检修的预告,定期通知设备维护及开列设备保养工作单,设备的档案管理等)、租赁业务管理、租房事务管理,同时赋予日常管理、安全保卫、设备运行和维护新的管理内容和方式(如水、电、煤气远程抄表等)。

4)结构化综合布线系统(Structured Cabling System,SCS)

SCS又称综合布线系统(Premises Distribution System,PDS),它是建筑物或建筑群内部之间的传输网络。它把建筑物内部的语音交换、智能数据处理设备及其广义的数据通信设施相互连接起来,并采用必要的设备同建筑物外部数据网络或电话局线路相连接。其系统包括所有建筑物与建筑群内部用以连接以上设备的电缆和相关的布线器件。

5)计算机网络

智能建筑采用的计算机网络技术主要有以太网、FDDI(Fiber Distributed Data Interface)网、异步传输模式(ATM)、综合业务数字网(ISDN)等。

6)智能建筑与综合布线的关系

(1)综合布线与楼层高度的关系

由于综合布线所需的电缆竖井、暗敷管槽、线槽孔洞、交接间和设备间等设施都与建筑结构同时设计和施工,即使有些内部装修部分可以不同步进行,但它们都是依附于建筑物的永久性设施,所以在具体实施综合布线过程中,各工种之间应共同协商,紧密配合,切不可互相脱节,产生矛盾,避免疏漏造成不应有的损失或留下难以弥补的后遗症。

楼层高度还与布线方式有关。国内外的布线方式归纳起来大致有:预埋管、架空双层地板、地坪线槽、单元式线槽、干线式、扁平电缆、网络地板、顶棚等8种。

布线方式各有优缺点,很难一概而论。因此在具体的工程设计中到底采取何种布线方式,必须要从实际需要出发,通过充分的调查研究,综合考虑建筑的规模、使用需求,认真比较各种布线方式的利与弊,最终确定适合于该建筑的布线方式。建筑设计人员,在考虑满足智能化需求的同时,还要考虑满足建筑其他方面的要求;不但要考虑近期的使用效果,更要以长远的、发展的眼光来判断日后的使用,考虑到对未来变化的适应性。并应及时了解综合类布线的最新发展变化,以便能够在设计中采用先进技术,以符合日益发展的建筑智能化的需要。

通常,智能建筑净高的取值范围一般为2.4~3.0 m,吊顶高度通常为1.1~1.6 m,而地面布线所占高度随布线方式的不同可以在0.02~0.35 m取值。层高的理论取值范围为3.52~4.95 m。这只是一个理论值,在实际工程中,考虑到诸如造价、模数、施工、习惯做法、业主要求、国家规范等因素,层高的取值往往是在一个相对比较小的范围内浮动。我国的智能建筑设计中,层高的确定应当注意以下几点:

①智能建筑(办公楼)适宜的层高尺寸为3.8~4.2 m。

②应通过运用合理的设计及采用先进的设备与施工技术,努力减小吊顶及结构高度。

在经济条件许可的情况下,适当增加净高尺寸。一方面可提高室内空间的舒适性,同时为今后的发展留出一定余地。

(2)综合布线与智能建筑的关系

应该看到,土木建筑通常要强调百年大计,一次性的投资很大。在当前情况下,全面实现建筑智能化是有难度的,然而又不能等到资金全部到位,再去开工建设。这样会失去时间和机遇。对于每个跨世纪的高层建筑,一旦条件成熟就需要经过改造升级为智能建筑。这些问题可能是当前高层建筑普遍存在的一个突出矛盾。如何解决当前和未来的统一,综合布线是解决这一矛盾的最佳途径。

综合布线只是智能建筑的一部分,它犹如智能建筑内的一条高速公路,可以统一规划、统一设计,在建筑物建设阶段投入整个建筑物资金的 3%～5%,将连接线缆综合布设在建筑物内。至于楼内安装或增设什么应用系统,这就完全可以根据时间和需要、发展与可能来决定。只要有了综合布线这条信息高速公路,想跑什么"车",想安装什么应用系统,那就变得非常简单了。尤其是兴建跨世纪高大楼群,如何与时代同步,如何能适应科技发展的需要,又不增加过多的投资,当前看来综合布线平台是最佳选择,否则不仅会为高层建筑将来的发展带来很多后遗症,而且当打算向智能建筑靠拢时,还要增加更多的投资,这在经济上是十分不合理的。

应当注意:建筑物采用综合布线,不等于实现了智能化;信息插座越多,不等于智能化程度越高。采用综合布线不等于不需要其他布线。例如建筑物自动化部分,直接数字控制器至现场执行元件,可用线径较粗的传统电缆布线。

(3)智能建筑与信息高速公路的关系

"信息高速公路(Information Super Highway)"是指现代国家信息基础设施,由光缆构成的传输通道,将其延伸到每个基层单位、每个家庭,形成四通八达、畅通无阻的信息网络,文字、图像、语音都以数字流的形式在网络上传递。

智能建筑利用综合布线与公用信息网连接,进行信息交流,因此综合布线是智能大厦中的信息高速公路,是现代化大厦与外界联系的信息通道。智能建筑必须与信息高速公路对接,否则,它就成了孤立的个体。

二、了解综合布线

综合布线系统的定义描述为"通信电缆、光缆、各种软电缆及有关连接硬件构成的通用布线系统,它能支持多种应用系统"。即使用户尚未确定具体的应用系统,也可进行布线系统的设计和安装,通常综合布线系统中不包括应用的各种设备。

综合布线是一种模块化、灵活性极高的建筑物内或建筑群之间的信息传输通道。它既能使语音、数据、图像设备和交换设备与其他信息管理系统彼此相连,也能使这些设备与外部相连接。它还包括建筑物外部网络或电信线路的连接点与应用系统设备之间的所有线缆及相关的连接部件。综合布线由不同系列和规格的部件组成,其中包括传输介质、相关连接硬件(如配线架、连接器、插座、插头、适配器)以及电气保护设备等。这些部件可用来构建各种子系统,它们都有各自的具体用途,不仅易于实施,而且能够随需求的变化而平稳升级。

综合布线包含建筑物所有系统的布线,在工程的统一标准方面当前还未达成共识,在商用建筑布线工程的实施上往往遵循的是结构化布线系统(SCS)标准。结构化布线系统和综合布线系统实际上是有区别的,是两个不同的概念,前者仅限于电话和计算机网络的布线,而后者则不仅包含前者,还包含更多的建筑物内的其他系统的布线。结构化布线系统的产生是随着电信发展而出现的,当建筑物内的电话线和数据线缆越来越多时,人们的需求是建立一套完善可靠的布线系统对成千上万的线缆进行端接和集中管理。结构化布线系统的代表产品称为建筑与建筑群综合布线系统(PDS),通常所说的综合布线系统是指结构化的网络布线系统。

1. 了解综合布线的发展过程

综合布线的发展与建筑物自动化系统密切相关,传统布线如电话、计算机局域网都是各自独立的,各系统分别由不同的厂商设计和安装,传统布线采用不同的线缆和不同的终端插座。而且,连接这些不同布线的插头、插座及配线架均无法互相兼容。办公布局及环境改变的情况是经常发生的,需要调整办公设备。随着新技术的发展,需要更换设备时,就必须更换布线系统。这样因增加新电缆而留下不用的旧电缆,天长日久,导致建筑物内的线缆杂乱,埋下了很大的安全事故隐患,同时也使得维护不方便,要进行各种线缆的敷设改造也十分困难。

随着全球社会信息化与经济国际化的深入发展,人们对信息共享的需求日趋迫切,这就需要一个适合信息时代的布线方案。美国电话电报公司(AT&T)贝尔实验室的专家们经过多年的研究,在办公楼和工厂试验成功的基础上,于20世纪80年代末期率先提出SYSTIMATMPDS(建筑与建筑群综合布线系统)的概念,并及时推出了结构化布线系统。

建筑与建筑群综合布线系统在我国国家标准中命名为综合布线系统(Generic Cabling System, GCS)。

综合布线是一种网络的预布线,该布线系统是完全开放的,它能够支持多级多层网络系统结构,易于实现建筑物内的配线集成管理,系统应能满足大厦对于通信系统的当前与未来的需求,适应更高的数据通信传输速率和带宽。

综合布线系统具有灵活的配线方式,布线系统上连接的网络设备及其他控制设备在物理位置上的调整,以及语音或数据传输方式的改变,都不需要重新安装附加的配线或线缆来进行重新定位。

2. 认识综合布线的特点

综合布线与传统的布线相比,有着许多的优越性,主要表现在它具有兼容性、开放性、灵活性、可靠性、先进性和经济性。而且在设计、施工和维护方面给人们带来了许多方便。

1)兼容性

所谓兼容性是指其设备或程序可以用于多种系统中。综合布线系统将语音信号、数据信号与监控设备的图像信号配线经过统一的规划和设计,采用相同的传输介质、信息插座、交连设备和适配器等,把这些性质不同的信号综合到一套标准的布线系统中。这样与传统布线系统相比,可节约大量的物资、时间和空间。在使用时,用户不用定义某个工作区的信息插座的具体应用,只把某种终端设备接入这个信息插座,然后在管理间和设备间的交连设备上做相应的跳线操作,这个终端设备就被接入自己的系统中。

2)开放性

传统的布线方式,用户选定了某种设备,也就选定了与之相适应的布线方式和传输介质。如果更换另一种设备,则原来的布线系统可能就要全部更换。综合布线系统由于其采用了开放式的体系结构,符合当前多种国际流行的标准。因此,几乎对所有著名的计算机和网络设备的生产厂商都是开放的,如计算机设备、交换机设备;并对几乎所有的通信协议也开放,如ISO/IEC 8802-3、ISO/IEC 8802-5等。

3)灵活性

综合布线系统采用标准的传输缆线和相关硬件设计,因此所有通道是通用的。在计算机网络中,每条通道可支持终端、以太网工作站及令牌环网工作站,所有设备的开通及更改均不需要改变布线,只需增减相应的应用设备以及在配线架上进行必要的跳线管理即可。另外组网也可灵活多样,甚至在同一房间为用户组织信息流提供了必要条件。

4)可靠性

传统的布线方式由于各个应用系统互不兼容,因而在一个建筑物中往往要有多种布线方案。建筑系统的可靠性要由所选用的布线可靠性来保证,当各应用系统布线不当时,还会造成交叉干扰。

综合布线系统采用高品质的材料和组合的方式构成一套高标准的信息传输通道。所有线槽和相关连接件均通过 ISO 认证,每条通道都要采用专用仪器测试以保证其电气性能。应用系统布线全部采用点到点端接,任何一条链路故障均不影响其他链路的运行,这就为链路的运行维护及故障检修提供了方便,从而保障了应用系统的可靠运行。各应用系统往往采用相同的传输媒体,因而可互为备用,提高了冗余度。

5)先进性

综合布线系统采用光纤与双绞线混合布线方式,极为合理地构成一套完整的布线。所有布线均符合世界上多类通信标准,链路均按八芯双绞线配置。5 类双绞线带宽可达 100 MHz,6类双绞线带宽可达 250 MHz。根据用户的需求可把光纤引到桌面(Fiber To The Desk)。语音干线部分采用铜缆,数据部分采用光缆,为同时传输多路实时信息提供足够的带宽容量。

6)经济性

衡量一个智能建筑物的综合布线系统的经济性,通常需要从两方面进行考量,即初期的投资量和性能价格比。通常认为,用户总希望智能建筑物所配置的设备在开始使用时应具有良好的实用性,并应具有一定的技术性能储备,保护在今后若干年内最初的投资。即在不增加新投资下,能保持建筑物的网络系统的先进性。若与传统的布线方式相比,综合布线就是一种既具有良好的初期投资特性,又具备较高的性价比的高技术含量系统。

3.分析综合布线的经济分析

1)综合布线的初期投资特性

虽然综合布线初期投资与传统布线相比略高,但由于综合布线是将原来相互独立、互不兼容的若干种布线,集中成为一套完整的布线体系,统一设计,并由一个施工单位完成几乎全部弱电线缆的布线,因而可省去大量的重复劳动和设备占用。

综合布线与传统布线方式初期投资的比较如图 1-5 所示。

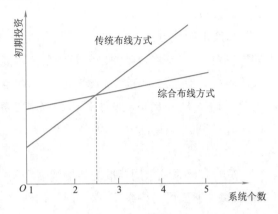

由图 1-5 可见,当布线系统的应用系统数为 1 时,传统布线方式的投资约为综合布线的一半。但是,当应用系统的个数不断增加时,传统布线方式的投资增加得很快,其原因在于所有相应的布线系统都是独立的,因而每增加一种布线就要增加一份投资。

而采用综合布线方案,在初期投资较大,但当应用系统个数不断增多时,其投资增加却较少,其原因在于各种布线是相互兼容的,都采用相同的线缆和相关连接件,线缆通常可以穿在同管路之内。

图 1-5　综合布线与传统布线方式
初期投资比较曲线

从图 1-5 中还可看到,当一幢建筑物有 2～3 种布线时,综合布线与传统布线两条曲线相交,生成一个平衡点,此时两种布线的投资大体相同。

2)综合布线性能价格比

综合布线的性能价格比是很高的,主要表现在以下几方面:

①一幢建筑物在设计和建设期往往有许多不可知的情况,只有当用户确定后,才知道计算机或终端的配置数量和电话语音的需求。采用综合布线后,只需将电话或终端插入早已敷设在墙壁的标准插座,然后在同层的弱电井的配线间(用户只用一层的情况)的配线架做相应跳接线操作,即可解决用户的需求。

②建筑物的使用者当需要把设备从一个房间搬迁到另一层的房间去,或在一个房间中增加其他新设备时,同样只要在楼宇弱电井的配线间或设备间的配线架做相应跳接线操作,即可很快实现这些新增需求,而无须考虑重新布线。

③如果采用光纤和 UTP(非屏蔽双绞线)混合布线方式,可解决诸如大数据量的多媒体信息数据的传输和用户对 ISDN、ATM 等的需求,可实现建筑与全球信息高速公路的接轨等,以满足前瞻性和不断增长的用户需求,如网络需要流畅传输高清电影等媒体节目,又如远程医疗诊断数据的传输等。

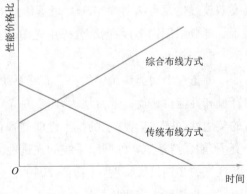

图 1-6 所示为传统布线和综合布线系统的性能价格比曲线。

从图 1-6 中可以看到,随着时间的推移,综合布

图 1-6　综合布线与传统布线性能价格比曲线

线的性价比是上升的,传统布线的性价比是下降的,这样就形成了"剪刀差",时间越长,两种布线方式的性能价格比差距越大。

综合布线系统性价比高的特点,还体现在远期投资上,一幢建筑大楼竣工后,要花相当大的费用使大楼正常地运转,若初期投资建设阶段,增加一部分必要的综合布线投资,大楼当前及今后的运行费用和变更费用一定会相应减少。

通过上述分析,在建筑物初期投资阶段,考虑建立综合布线系统不失为一种明智与正确的投入产出选择。

4. 掌握综合布线系统的应用

近年来,信息处理系统发展迅速,对信息传输的快速、便捷、安全性和稳定可靠性要求越来越高。在新建写字楼中,所建布线系统要求对内适应不同的网络设备、主机、终端、计算机及外围设备,具有灵活的拓扑结构和足够的系统扩展能力;对外通过国家公网与外部信息源相连接。

由于现代化的智能建筑和建筑群体的不断涌现,综合布线系统的适用场合和服务对象逐渐增多,主要有以下6类。

1)商业贸易类型

如商务贸易中心、金融机构(如银行和保险公司等)、高级宾馆饭店、股票证券市场和高级商城大厦等高层建筑。

2)综合办公类型

如政府机关、公司总部等办公大厦,办公、贸易和商业兼有的综合业务楼和租赁大厦等。

3)交通运输类型

如航空港、火车站、长途汽车客运枢纽站、江海港区(包括客货运站)、城市公共交通指挥中心、出租车调度中心、邮政枢纽楼和电信枢纽楼等公共服务建筑。

4)新闻机构类型

如广播电台、电视台、新闻通讯社、书刊出版社及报社业务楼等。

5)其他重要建筑群类型

如医院、急救中心、气象中心、科研机构、各类院校和工业企业的高技业务楼等。

6)住宅类型

如住宅小区、别墅群、各类学校的学生公寓住所等。

5. 熟悉综合布线标准化组织

各个国家的国家或地区标准化委员会由来自本地生产商和运营商的人员,以及本地标准专家委员会的专家们等组成。国际和欧洲标准化委员会是由各个参与成员委派的代表组成,一般由参与成员在国家或地区标准化委员会中挑选人员参加。标准是各个标准化委员会公布和发行的基于多数人意见的文件,它将在国家或地区以及全球范围内被应用。

1)国际标准化组织

对布线行业具有重要影响的标准化组织有国际标准化委员会(ISO)、国际电工委员会(IEC)、电气与电子工程师协会(IEEE)、国际电信联盟(ITU)、美国国家标准学会(ANSI)、美国通信工业协会(TIA)、美国电子工业协会(EIA)、欧洲电工标准化委员会(CENELEC)与欧洲标准化委员会(CEN)。

(1)国际标准化委员会(ISO)

国际标准化委员会(International Organization for Standardization,ISO)是世界上最大、最有权威性的国际标准化专门机构。

1946 年 10 月 14—26 日,中、英、美、法、苏的 25 个国家的 64 名代表集会于伦敦,正式表决通过建立国际标准化组织。1947 年 2 月 23 日,ISO 章程得到 15 个国家标准化机构的认可,国际标准化组织宣告正式成立。参加 1946 年 10 月 14 日伦敦会议的 25 个国家为 ISO 的创始人。ISO 是联合国经社理事会的甲级咨询组织和贸发理事会综合级(即最高级)咨询组织。此外,ISO 还与 600 多个国际组织保持着协作关系。

国际标准化组织的目的和宗旨是:"在全世界范围内促进标准化工作的发展,以便于国际物资交流和服务,并扩大在知识、科学、技术和经济方面的合作"。其主要活动是制定国际标准,协调世界范围的标准化工作,组织各成员国和技术委员会进行情报交流,以及与其他国际组织进行合作,共同研究有关标准化问题。

按照 ISO 章程,其成员分为团体成员和通信成员。团体成员是指最有代表性的全国标准化机构。通信成员是指尚未建立全国标准化机构的发展中国家(或地区)。通信成员不参加 ISO 技术工作,但可了解 ISO 的工作进展情况,经过若干年后,待条件成熟,可转为团体成员。ISO 的工作语言是英语、法语和俄语,总部设在瑞士日内瓦。ISO 现有成员 164 个。

ISO 标准化管理局(CAS)的名义参加 ISO 的工作。1999 年 9 月,我国在北京承办了第 22 届 ISO 大会。

国际标准化委员会负责对综合布线系统的生产制造和生产过程质量控制进行制订和修正,以保证整个系统的电气和通信性能,并获得多数成员的赞成。

(2)国际电工委员会(IEC)

国际电工委员会(International Electrotechnical Commission,IEC)成立于 1906 年,它是世界上成立最早的国际性电工标准化机构,负责有关电气工程和电子工程领域中的国际标准化工作。

IEC 的宗旨是:促进电气、电子工程领域中标准化及有关问题的国际合作,增进国际间的相互了解。为实现这一目的,IEC 出版包括国际标准在内的各种出版物,并希望各成员在本国条件允许的情况下,在本国的标准化工作中使用这些标准。

21 世纪以来,IEC 的工作领域和组织规模均有了相当大的发展。IEC 成员已从 1960 年的 35 个增加到 61 个。他们拥有世界人口的 80%,消耗的电能占全球消耗量的 95%。IEC 的工作领域已由单纯研究电气设备、电机的名词术语和功率等问题扩展到电子、电力、微电子及其应用、通信、视听、机器人、信息技术、新型医疗器械和核仪表等电工技术的各个方面。IEC 标准已涉及世界市场中 35% 的产品,到 21 世纪末,这个数字可达 50%。IEC 标准的权威性是世界公认的。IEC 每年要在世界各地召开 100 多次国际标准会议,世界各国的近 10 万名专家在参与 IEC 的标准制、修订工作。IEC 现在有技术委员会(TC)89 个、分技术委员会(SC)88 个。IEC 标准在迅速增加,1963 年只有 120 个标准,截至 2018 年底,IEC 总共发布了约 10 771 个 IEC 标准。

我国于 1957 年参加 IEC,1988 年起改为以国家技术监督局的名义参加 IEC 的工作。现在以中国国家标准化管理局(SAC)的名义参加 IEC 的工作。我国已是 IEC 理事局、执委会和合格评定局的成员。1990 年和 2002 年我国在北京承办了 IEC 第 54 届和第 66 届年会,2019 年 10 月我国还在上海承办了第 83 届 IEC 大会。

(3)电气与电子工程师协会(IEEE)

电气与电子工程师协会(IEEE)是一个由美国电机电子工程师协会组成的一个专业认证机构,在全球 160 个国家或地区拥有超过 40 万会员,电气与电子工程师协会接受美国国家标准组织的赞助。IEEE 在计算器工程、生物医疗科技、电信、电力、航空和电子消费品等方面,都是领导性的权威。IEEE 历史悠久,其前身早于 1884 年已经成立。一直以来,IEEE 都致力推动电力科技及其相关科学的理论与应用研究,在促进科技革新方面起了重要的催化作用。

电气与电子工程师协会主要任务在制定电机电子业相关标准,它也订立许多局域网络的标准。

(4)国际电信联盟(ITU)

国际电信联盟(ITU)是联合国的一个专门机构,也是联合国机构中历史最长的一个国际组织,简称"国际电联"、"电联"或"ITU"。

该国际组织成立于 1865 年 5 月 17 日,是由法、德、俄等 20 个国家在巴黎会议为了顺利实现国际电报通信而成立的国际组织,定名"国际电报联盟"。

为了适应电信科学技术发展的需要,国际电报联盟成立后,相继产生了 3 个咨询委员会。1924 年在巴黎成立了"国际电话咨询委员会(CCIF)";1925 年在巴黎成立了"国际电报咨询委员会(CCIT)";1927 年在华盛顿成立了"国际无线电咨询委员会(CCIR)"。这三个咨询委员会都召开了不少会议,解决了不少问题。1956 年,国际电话咨询委员会和国际电报咨询委员会合并成为"国际电报电话咨询委员会",即 CCITT。1932 年,70 个成员的代表在西班牙马德里召开会议,决议把"国际电报联盟"改名为"国际电信联盟",这个名称一直沿用至今。1947 年在美国大西洋城召开国际电信联盟会议,经联合国同意,国际电信联盟成为联合国的一个专门机构。总部由瑞士伯尔尼迁至日内瓦。另外,还成立了国际频率登记委员会(IFRB)。

1972 年 12 月,国际电信联盟在日内瓦召开了全体代表大会,通过了国际电信联盟的改革方案,国际电信联盟的实质性工作由三大部门承担,它们是:国际电信联盟标准化部门(ITU—T)、国际电信联盟无线电通信部门和国际电信联盟电信发展部门。其中电信标准化部门由原来的国际电报电话咨询委员会(CCITT)和国际无线电咨询委员会(CCIR)的标准化工作部门合并而成,主要职责是完成国际电信联盟有关电信标准化的目标,使全世界的电信标准化。

(5)美国国家标准学会(ANSI)

美国国家标准学会(ANSI)成立于 1918 年。当时,美国的许多企业和专业技术团体,已开始了标准化工作,但因彼此间没有协调,存在不少矛盾和问题。为了进一步提高效率,数百个科技学会、协会组织和团体,均认为有必要成立一个专门的标准化机构,并制订统一的通用标准。1918 年,美国材料试验协会(ASTM)、与美国机械工程师协会(ASME)、美国矿业与冶金工程师协会(ASMME)、美国土木工程师协会(ASCE)、美国电气工程师协会(AIEE)等组织,共同成立了美国工程标准委员会(AESC)。美国政府的三个部(商务部、陆军部、海军部)也参与了该委员会的筹备工作。1928 年,美国工程标准委员会改组为美国标准协会(ASA)。为致力于国际标准化事业和消费品方面的标准化,1966 年 8 月,又改组为美利坚合众国标准学会(USASI)。1969 年 10 月 6 日改成现名:美国国家标准学会(ANSI)。

ANSI 同时也是一些国际标准化组织的主要成员,如国际标准化委员会(ISO)和国际电子工程委员会(IEC)。

(6)美国通信工业协会(TIA)

美国通信工业协会(TIA)是一个全方位的服务性国家贸易组织,其成员包括为美国和世界各地提供通信和信息技术产品、系统和专业技术服务的 900 余家大小公司,协会成员有能力制造供应现代通信网中应用的所有产品。此外,TIA 还有一个分支机构——多媒体通信协会(MMTA)。TIA 还与美国电子工业协会(EIA)有着广泛而密切的联系。

1924 年,一些电话网络供应商组织在一起,打算举办一个工业贸易展览。后来渐渐演变成美国独立电话联盟委员会。1979 年,该委员会分出一个独立的组织——美国电信供应商协会(USTSA),并成为世界上最主要的通信展览和研究论坛的组织者之一。1988 年 4 月,USTSA 与美国电子工业协会(EIA)的电信和信息技术组合并,形成美国通信工业协会(TIA)。

TIA 是一个成员推动的组织。根据该组织的规定,在华盛顿选举出 31 个成员公司组成理事会,并根据以下工作事务成立 6 个专门委员会:成员范围和发展、国际事务、市场和贸易展览、公共政策和政府关系和小型公司。

MMTA:多媒体通信协会(MMTA)的前身是北美通信协会,成立于 1970 年。它为设备制造者、软件设计者、网络服务提供者、系统集成者提供一个论坛,为通信和计算机应用提供开放市场而努力。

TIA 是经过美国国家标准协会(ANSI)认可的可制订各类通信产品标准的组织。TIA 的标准制订部门由 5 个分会组成,它们是:用户室内设备分会、网络设备分会、无线设备分会、光纤通信分会和卫星通信分会。

(7)美国电子工业协会(EIA)

美国电子工业协会(Electronic Industries Alliance,EIA)创建于 1924 年,其成员已超过 500 名,代表美国 2 000 亿美元产值电子工业制造商,成为纯服务性的全国贸易组织,总部设在弗吉尼亚的阿灵顿。EIA 广泛代表了设计生产电子元件、部件、通信系统和设备的制造商。

EIA 的成员资格对于全美境内所有的从事电子产品制造的厂家都开放,一些其他的组织经过批准也可以成为 EIA 的成员。

(8)欧洲电工标准化委员会(CENELEC)与欧洲标准化委员会(CEN)

欧洲的标准制定机构中最主要的是 CENELEC 欧洲电工标准化委员会(法文名称缩写为CENELEC),1976 年成立于比利时的布鲁塞尔,是由两个早期的机构合并的。它的宗旨是协调欧洲有关国家的标准机构所颁布的电工标准和消除贸易上的技术障碍。CENELEC 的成员是欧洲共同体 12 个成员国和欧洲自由贸易区(EFTA)7 个成员国的国家委员会。除冰岛和卢森堡外,其余 17 国均为国际电工委员会(IEC)的成员国。

欧洲标准化委员会创建于 1961 年。1971 年起 CEN 迁至布鲁塞尔,后来它与 CENELEC

一起办公。在业务范围上,CENELEC 主管电工技术的全部领域,而 CEN 则管理其他领域。其成员国与 CENELEC 的相同。除卢森堡外,其他 18 国均为国际标准化组织(ISO)的成员国。

CENELEC 与 CEN 长期分工合作后,又建立了一个联合机构,名为"共同的欧洲标准化组织",简称 CEN/CENELEC。但原来两机构 CEN、CENELEC 仍继续独立存在。1988 年 1 月,CEN/CENELEC 通过一个"标准化工作共同程序",接着又把 CEN/CENELEC 编制的标准出版物分为下列三类:

①EN(欧洲标准):按参加国所承担的共同义务,通过此 EN 标准将赋予某成员国的有关国家标准以合法地位,或撤销与之相对立的某一国家的有关标准。也就是说成员国的国家标准必须与 EN 标准保持一致。

②HD(协调文件):这也是 CEN/CENELEC 的一种标准。按参加国所承担的共同义务,各国政府有关部门至少应当公布 HD 标准的编号及名称,与此相对立的国家标准也应撤销。也就是说成员国的国家标准至少应与 HD 标准协调。

③ENV(欧洲预备标准):由 CEN/CENELEC 编制,拟作为今后欧洲正式标准,供临时性应用。在此期间,与之相对立的成员国标准允许保留,两者可平行存在。

2)国内标准化组织

(1)通信技术标准基础

国内综合布线相关标准制订来自于通信技术标准和建设工程标准,通信技术标准和所有其他技术标准皆由国家技术监督局统一管理。其中通信行业工程建设标准,曾由住房和城乡建设部管理,后转由国家发展和改革委员会管理,最后又由住房和城乡建设部管理至今。

工业和信息化部内则由科技司主管基础技术标准制定,对口国家技术监督局综合规划司主管工程建设标准,对口住房和城乡建设部。标准制定方式有以下几种:

①通信技术国际标准(或建议)由国际标准化机构或由其认可的其他国际组织制定发布。例如:《电话传输质量》ITU-CCITT1998 年墨尔本;《光缆的结构、安装、接续和保护》ITU-T1994 年日内瓦;《移动、无线电测定、业余和相关卫星业务》1990 年日内瓦。

②通信技术国家标准由工业和信息化部(原邮电部)组织制定,报国家标准化行政主管部门——国家技术监督局批准发布。

③通信技术行业标准由工业和信息化部(原邮电部)组织研究制定并批准发布,报国家标准化行政主管部门——国家技术监督局备案。

④通信技术地方标准由地方通信主管部门组织制定,地方政府审批颁发。例如:DBJ08-8-1988《住宅建筑电话通信设计标准》为上海市标准,主管部门:上海市邮电管理局,批准部门:上海市建设委员会,施行日期:1989 年 2 月 1 日。

⑤通信技术企业标准由企业组织制定,由企业法定代表人或由其授权的企业主管领导批准发布,报当地标准化行政主管部门及上级主管部门备案。例如:Q/CDC032-84 成都电缆厂企业标准,根据该厂企业标准,HYSEAL＋M 代表铜芯、实心聚烯烃绝缘、双面涂塑铝带屏蔽、单层钢带铠装、聚乙烯护套市内通信电缆。

⑥通信技术体制由工业和信息化部(原邮电部)组织制定并批准发布。

通信技术体制是针对邮电通信网的网络结构、编号方式、路由计划、功能特性、服务质量、信令协议、接口要求、网络管理、计费原则、设备系列及基本进网要求等有关组网、成网、进网、互连互通的各方面做出原则规定，为通信网络规划、工程设计、通信组织、设备配置、运行管理、产品开发等提供技术依据。

⑦通信技术规范属行业工程建设标准，由工业和信息化部组织制定并批准发布，报住房和城乡建设部备案。

通信技术规范是国家发布最多的文件，仅工业和信息化部发布的就数以百计。例如：GB 50689—2011《通信局(站)防雷与接地工程设计规范》是中华人民共和国国家标准，由中华人民共和国住房和城乡建设部批准发布，2012 年 5 月 1 日施行。

YD/T 1380.2—2005《V5 接口技术要求 第 2 部分：V5.2 接口》是工业和信息化部电信研究院和中兴通讯股份有限公司主编，中华人民共和国工业和信息化部(原邮电部)2005 年 9 月 1 日批准发布，2005 年 12 月 1 日实施。

(2)各类标准审批权限机关

一般情况下各类标准的审批权限如下：

①国家标准：基础技术标准由国家技术监督局审批颁发；工程建设标准由住房和城乡建设部和国家技术监督局联合颁发。

②行业标准：基础技术标准由主管部颁发，报国家技术监督局备案；工程建设标准由主管部颁发，报住房和城乡建设部备案。

③地方标准：由地方政府审批颁发。

④企业标准：由企业主管审批颁发。

此外，住房和城乡建设部还规定由中国建设标准化协会编制推荐性标准，作为上述四类标准的补充。

有些"标准"是以"技术规定"、"技术规程"或"图集"、"图形符号"等形式发布，如 YD 5098—2005《通信工程电源系统防雷技术规定》，2006 年 10 月 1 日起施行。

(3)认识"标准"编号

一般"标准"皆有编号，如 GB 为国家标准；YD 为行业标准；Q 为企业标准。个别"标准"则无编号，如《SDH 光缆干线工程全程调测项目及指标》即无编号，为工业和信息化部"内部标准"，由中华人民共和国工业和信息化部批准，1998 年 9 月 1 日施行工业和信息化部为了全面推进通信技术标准工作，先后成立了"通信标准技术审查部"和"工作推进部"，并陆续批准成立无线通信、通信电源产品、IP、传送网与接入网、网络管理、网络与交换 6 个由国内企事业单位自愿联合组织的通信标准研究组。各研究组皆采用单位成员制，由科研、设计、产品制造、通信运营、高等院校、学术组织及用户和政府部门的代表参加。并于 1999 年底在北京召开了全国通信标准研究组成员单位代表大会。研究组的任务是组织各成员单位对本研究组业务范围的标准开展研究工作，编制专业标准体系，根据近、中、远期的研究课题、标准项目计划，组织标准的起草、征求意见、协调和初审，向工业和信息化部通信标准行政管理部门推荐标准草案，开展国际电联的国内对口相关研究组业务范围的研究，并向工业和信息化部推荐提交到国际电联的文稿等。申请、筹备成立全国统一的通信标准组织的工作在进行。

（4）中国工程建设标准化协会

中国工程建设标准化协会是依法成立的全国工程建设标准化工作者的全国性学术社团。业务主管部门为中华人民共和国住房和城乡建设部。遵循国家有关方针、政策、法律、法规，本着"务实精干"的原则，团结和组织全国工程建设标准化工作者，充分发扬学术民主，开展工程建设标准化的科学技术水平，加速社会主义现代化建设服务。

中国工程建设标准化协会前身为中国工程建设标准化委员会，成立于 1979 年 10 月。1991年 7 月经民政部社团管理司审查后，批准以中国工程建设标准化协会名义注册登记。根据协会章程，该协会的会员分为个人会员和团体会员。

协会的主要活动包括：学术任务（主要由所属学术委员会与各专业委员会开展）；国际交流与合作；干部培训；制定、修订标准规范；编制标准体系表；技术咨询服务。协会的专业标准技术委员会是根据工程建设标准化工作的需要而设立的，是理事会领导下的二级专业学术组织，现共设有 32 个专业标准技术委员会。

地方标准化协会是根据各省、自治区、直辖市的工程建设标准化发展需要而建立的，现已在黑龙江省、内蒙古自治区、山东省、四川省、河南省、山西省、上海市、广东省等省市设立了地方标准化协会。

大开眼界

布线这个行业，虽然它只是一个配线系统，从以前的电话对绞电缆配线系统到今天的结构化综合布线系统，对建筑智能化的建设影响最大，而且正向智慧型居住区、社区、城市延伸，甚至现在的数据中心领域。综合布线行业发展愈发迅猛。综合布线四大热点助力行业发展：智慧城市、宽带中国、大数据时代和 5G 网络的到来。

任务小结

建筑物综合布线系统是在计算机技术和通信技术发展的基础上，为适应社会信息化和经济国际化的需要而产生的，也是办公自动化进一步发展的结果。综合布线系统是跨学科、跨行业的系统工程，也是建筑技术与信息技术相结合的产物，是计算机网络工程的基础。

任务二　认知传输介质及连接器件

任务描述

本任务主要介绍网络传输介质的概念，传输介质及连接器件的分类和用途，传输介质的性能指标和技术参数，为接入网络做好通信介质的选型。

任务目标

①熟悉传输介质在网络系统设计和工程中的有效选用。

②掌握网络传输介质双绞线、同轴电缆和光纤的概念、结构和分类。

③掌握传输介质双绞线、同轴电缆和光纤的性能指标和技术参数。

任务实施

一、双绞线及连接器件

根据网络传输介质的不同,计算机网络通信分为有线通信系统和无线通信系统两大类。有线通信利用电缆或光缆作为信号的传输载体,通过连接器、配线设备及交换设备将计算机连接起来,形成通信网络。无线通信系统则是利用卫星、微波、红外线作为信号传输载体,借助空气来进行信号的传输,通过相应的信号收发器将计算机连接起来,形成通信网络。

在有线通信系统中,线缆主要有铜缆和光纤两大类。铜缆又可分为同轴电缆和双绞线电缆两种。同轴电缆是 10 Mbit/s 网络时代的数据传输介质,主要应用于广播电视和模拟视频监控,正在逐步退出计算机通信市场。随着通信标准、通信速率、成本制约和环境干扰等问题的逐步解决,无线通信不仅仅只是作为解决有线系统不宜敷设、覆盖等问题的补充方案,而且与有线通信系统并驾齐驱、取长补短、互相融合,为传输数据服务。

1. 双绞线的结构与分类

双绞线(Twisted Pair,TP)是一种综合布线工程中最常用的传输介质,是由两根具有绝缘保护层的铜导线组成。把两根绝缘的铜导线按一定密度互相绞在一起,每一根导线在传输中辐射出来的电波会被另一根线上发出的电波抵消,有效降低信号干扰的程度。

双绞线一般由两根 22~26 号绝缘铜导线相互缠绕而成,"双绞线"的名字也是由此而来。实际使用时,双绞线是由多对双绞线一起包在一个绝缘电缆套管里的。如果把一对或多对双绞线放在一个绝缘套管中便成了双绞线电缆,但日常生活中一般把"双绞线电缆"直接称为"双绞线"。与其他传输介质相比,双绞线在传输距离、信道宽度和数据传输速度等方面均受到一定限制,但价格较为低廉,布线成本低。随着双绞线技术和生产工艺的不断发展,使得其在传输距离、信道宽度和数据传输速度等方面都有较大的突破,因此,网络布线的应用也越来越广泛。

双绞线可分为非屏蔽双绞线(Unshielded Twisted Pair,UTP)和屏蔽双绞线(Shielded Twisted Pair,STP)。屏蔽双绞线电缆的外层由铝箔包裹着。双绞线用来传输模拟声音信息和数字信号,特别适用于较短距离的信息传输。其在信号传输期间,衰减比较大,并且使波形发生畸变。采用双绞线的局域网的带宽取决于所用导线质量、导线长度以及传输技术。通过精心选择和安装,双绞线在有限距离内可达到几十兆至几百兆的可靠传输。当采用 6 类双绞线时,传输率可达 1 000 Mbit/s。

因双绞线传输信息时会向四周辐射,因此,其传输信号很容易被窃听,所以需采取技术措施加以屏蔽,以减小辐射(但不能完全消除),这就是具有屏蔽功能的屏蔽型双绞线电缆。屏蔽双绞线安装要比非屏蔽双绞线安装难度大一些,类似于同轴电缆。安装时必须配有支持屏蔽功能的特殊连接器和相应安装技术。屏蔽双绞线通常比非屏蔽双绞线有更高的传输速率。

按照美国线缆标准(American Wire Gauge,AWG),双绞线的绝缘铜导线线芯大小有 22、24

和 26 等多种规格,常用的是 24AWG,直径为 0.51 mm。规格的标记数字越大,表明导线线芯越细。

1)屏蔽双绞线

随着电气设备和电子设备的大量应用,通信链路会受到越来越多的电子干扰,这些干扰来自诸如电力传输线、汽车发动机、电动机、大功率的无线电和雷达信号之类的信号源。如果这些信号产生在双绞线电缆的附近,则可能带来噪声的破坏或干扰。另外,电缆导线中传输的信号能量的辐射,也会对临近的网络系统设备和电缆产生电磁干扰。在双绞线电缆中增加屏蔽层的目的就是为了提高电缆的物理性能和电气性能,减少电缆信号传输中的电磁干扰。这个屏蔽层能将噪声转变成直流电,屏蔽层上的噪声电流与双绞线上的噪声电流方向相反,因而两者可相互抵消。

电缆屏蔽层的设计有如下几种形式:

①屏蔽整个电缆。

②屏蔽电缆中的线对。

③屏蔽电缆中的单根导线。

电缆屏蔽层由金属箔、金属丝或金属网几种材料构成。

屏蔽双绞线电缆(STP)又分为 STP 和 STP-A 两种。

STP 指的是 IBM 在 1984 年确立的最初规格,它的性能要求是工作频率为 20 MHz。随着网络传输速率的不断提高,1995 年 STP 的规格也提升为 STP-A,它的性能要求工作频率为 300 MHz,在 TIA/EIA-568-A 标准中,STP-A 是干线布线子系统和水平布线子系统都认可的传输介质。图 1-7 所示为 STP 的图形。

另一类屏蔽双绞线电缆是金属箔屏蔽双绞线电缆,称为 ScTP(或 FTP),它不再屏蔽各个线对,而是屏蔽整个电缆,电缆中所有线对被金属箔制成的屏蔽层所包围,在电缆护套下,有一根漏电线,这根漏电线与电缆屏蔽层相连接。金属箔屏蔽双绞线电缆如图 1-8 所示。

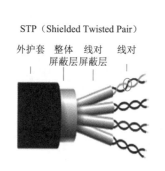

图1-7 屏蔽双绞线电缆(STP)

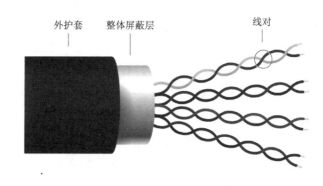

图 1-8 金属箔屏蔽双绞线电缆(FTP)

在某些安装环境中,如果电磁干扰或其他电子干扰过强,则不能使用 UTP,应使用 STP 屏蔽这些干扰,保证电缆传输信号的完整性。

在通信系统或其他对电子噪声比较敏感的电气设备环境中,这些电子噪声往往会影响到系统设备运行的可靠性。FTP 可以保存电缆导线传输信号的能量,电缆导线正常的辐射能量将会碰到电缆屏蔽层,由于电缆屏蔽层接地,屏蔽金属箔将会把电荷引入接地,从而防止信号对通信系统或其他对电子噪声比较敏感的电气设备的电磁干扰。

通信线路仅仅采用屏蔽双绞线电缆还不足以起到良好的屏蔽作用,还必须考虑接地和端接点屏蔽的问题。STP 中有一条接地线,当屏蔽双绞线电缆接地良好时,屏蔽层就像一根电线把接收到的噪声转化为屏蔽层里的电流,这股电流依次在双绞线里感应出方向相反但大小相等的电流,这两股电流只要对称则会相互抵消,因而不会把网络噪声传输到接收端。但是屏蔽层里若有断点(如端接点)或电流不对称时,双绞线里的电流则会产生干扰。因此,为了起到良好的屏蔽作用,屏蔽式布线系统中的每一个元件(如双绞线、水晶头、信息模块等)必须全部进行屏蔽且接地良好。

2)非屏蔽双绞线

非屏蔽双绞线(Unshielded Twisted Pair,UTP)没有用来屏蔽双绞线的金属屏蔽层,它在绝缘套管中封装了一对或一对以上的双绞线,每对双绞线按一定密度互相绞在一起,提高了抵抗系统本身电子噪声和电磁干扰的能力,不能防止周围的电子干扰,但价格低,使用广泛。

非屏蔽双绞线是通信系统和综合布线系统中最常使用的传输介质,可用于语音、数据、音频、呼叫系统以及楼宇自动控制系统。常用的非屏蔽双绞线电缆封装有 4 对双绞线(见图 1-9),其他还有 25 对、50 对和 100 对等大对数的双绞线电缆,大对数双绞线电缆用于语音通信的布线系统的干线子系统中。

导体
绝缘层
外皮
撕剥线

图 1-9　非屏蔽双绞线电缆

常见的非屏蔽双绞线型号如下:

(1)1(Category 1)类线

缆线最高频率带宽是 750 kHz,主要用于语音传输(一类标准主要用于 20 世纪 80 年代初之前的电话线缆),已退出市场。

(2)2(Category 2)类线

缆线最高频率带宽是 1 MHz,用于语音传输和最高传输速率 4 Mbit/s 的数据传输,常见于使用 4 Mbit/s 规范令牌传递协议的旧的令牌网。

(3)3(Category 3)类线

这是指当前在 ANSI/TIA/EIA-568 标准中指定的电缆,该电缆的传输频率 16 MHz,用于语音传输及最高传输速率为 10 Mbit/s 的数据传输,主要用于 10Base-T。

(4)4(Category 4)类线

该类电缆的传输频率为 20 MHz,用于语音传输和最高传输速率 16 Mbit/s 的数据传输,主要用于基于令牌的局域网和 10Base-T/100Base-T。

(5)5(Category 5)类线

该类电缆增加了绕线密度,外套一种高质量的绝缘材料,传输率为 100 MHz,用于语音传输和最高传输速率为 100 Mbit/s 的数据传输,主要用于 100Base-T 和 1000Base-T 网络。这是最常用的以太网电缆。

(6)超 5(Category excess 5)类线

超 5 类传输频率为 100 MHz,具有衰减小,串扰少,并且具有更高的衰减与串扰的比值(ACR)和信噪比(Structural Return Loss)、更小的时延误差,性能得到很大提高。超 5 类线主要用于千兆位以太网(1 000 Mbit/s)。

(7)6(Category 6)类线

该类电缆的传输频率为 1~250 MHz,6 类布线提供两倍于超 5 类的带宽。6 类布线的传输性能远远高于超 5 类标准,适用于传输速率高于 1 Gbit/s 的应用。要求的布线距离,永久链路的长度不能超过 90 m,信道长度不能超过 100 m。

(8)7(Category excess 7)类线

7 类线具有更高的传输带宽,至少为 600 MHz。采用双屏蔽的双绞线。开始制定 7 类标准时,共有 8 种连接口被提议,其中两种为"RJ"形式,6 种为"非 RJ"形式。在 1999 年 1 月,ISO 技术委员会决定选择一种"RJ"和一种"非 RJ"型的接口做进一步的研究。在 2001 年 8 月的 ISO/IEC JTC 1/SC 25/WG3 工作组会议上,ISO 组织再次确认 7 类标准分为"RJ"型接口及"非 RJ"型接口两种模式。TERA 连接件的传输带宽高达 1.2 GHz,超过正在制订中的 600 MHz 7 类标准传输带宽,可同时支持语音、高速网络、CATV 等视频应用。

这里需要注意的是:电缆的频率带宽(MHz)与电缆的数据传输速率(Mbit/s)是有区别的,Mbit/s 是衡量单位时间内线路传输的二进制位的数量,而 MHz 是衡量单位时间内线路中电信号的振荡次数。

为了便于安装与管理,每对双绞线有颜色标示,4 对 UTP 的颜色分别为蓝色、橙色、绿色和棕色。每对线中,其中一根的颜色为线对颜色加上白色条纹或斑点(纯色),另一根的颜色为白底色加线对颜色的条纹或斑点。具体的颜色编码如表 1-3 所示。

表 1-3 对 UTP 颜色编码

线对	颜色色标	缩写	线对	颜色色标	缩写
线对 1	白—蓝蓝	W—BLBL	线对 3	白—绿绿	W—GG
线对 2	白—橙橙	W—OO	线对 4	白—棕棕	W—BRBR

非屏蔽双绞线电缆的优点如下:

①无屏蔽外套,直径小,节省所占用的空间。

②质量小、易弯曲、易安装。

③将串扰减至最小或加以消除。

④具有阻燃性。

⑤具有独立性和灵活性,适用于结构化综合布线。

国际电气工业协会(EIA)为双绞线电缆定义了5种不同质量的型号。

计算机网络综合布线使用的多为第3、5、5e、6类4种。

2. 双绞线的电器特性

双绞线的电气特性直接影响了它的传输质量,双绞线的电气特性参数同时也是布线过程中的测试参数。对于双绞线,用户最关心的是表征其性能的几个指标,这些指标包括衰减、近端串扰、阻抗特性、直流电阻、传播时延、时延偏离等。

1)线缆链路的长度

线缆链路的物理长度由测量到的信号在线路上的往返传播迟延 T 导出。为保证测量精度,在进行测试前应对被测线缆额定传输速度 NVP 值进行校核。

$$NVP=线缆中信号传播速度/光速×100\%$$

该值随不同线缆类型而不同,通常 NVP 范围在 60%～90%。

2)直流环路电阻

直流环路电阻会消耗一部分信号,并将其转变成热量。它是指一对导线电阻的和 11801 规格的双绞线的直流电阻不得大于 19.2 Ω。每对间的差异不能太大(小于 0.1 Ω),否则表示接触不良,必须检查连接点。

3)特性阻抗

与环路直流电阻不同,特性阻抗包括电阻及频率为 1～100 MHz 的电感阻抗及电容阻抗,它与一对电线之间的距离及绝缘体的电气性能有关。各种电缆有不同的特性阻抗,而双绞线电缆则有 100 Ω、120 Ω 及 150 Ω 几种。

4)衰减

衰减是沿链路的信号损失度量、衰减与线缆的长度有关系,随着长度的增加,信号衰减也随之增加。衰减用"dB"作单位,表示源传送端信号到接收端信号强度的比率。由于衰减随频率而变化,因此,应测量在应用范围内的全部频率上的衰减。

5)近端串扰

串扰分近端串扰(NEXT)和远端串扰(FEXT),测试仪主要是测量 NEXT,由于存在线路损耗,因此 FEXT 的量值的影响较小。近端串扰(NEXT)损耗是测量一条 UTP 链路中从一对线到另一对线的信号耦合。对于 UTP 链路,NEXT 是一个关键的性能指标,也是最难精确测量的一个指标。随着信号频率的增加,其测量难度将加大。

同时发送端的信号也会衰减,对其他线对的串扰也相对变小。实验证明,只有在 40 m 内测量得到的 NEXT 是较真实的。如果另一端是远于 40 m 的信息插座,那么它会产生一定程度的串扰,但测试仪可能无法测量到这个串扰值。因此,最好在两个端点都进行 NEXT 测量。现在的测试仪都配有相应设备,使得在链路一端就能测量出两端的 NEXT 值。

6)衰减串扰比(ACR)

在某些频率范围,串扰与衰减量的比例关系是反映电缆性能的另一个重要参数。ACR 有时也以信噪比(Signal Noice Ratio,SNR)表示,它由最差的衰减量与 NEXT 量值的差值计算。

ACR 值较大,表示抗干扰的能力更强。一般系统要求至少大于 10 dB。

7)回波损耗(RL)

数据传输中,当遇到线路中阻抗不匹配时,部分能量会反射回发送端,回波损耗反映了因阻抗不匹配反射回来的能量大小,回波损耗对于全双工传输的应用非常重要。电缆制造过程中结构变化、连接器和布线安装等 3 种因素是影响回波损耗数值的主要因素。

8)传输时延

传输时延是指从信号的一端到达另一端所需要的时间,即测试脉冲沿每对电缆传输的时延(ns),时延越小系统性能越好。在通道连接方式、基本连接方式或永久连接方式下,对 5 类链路传输 10~30 MHz 的频率信号时,要求线缆中任一线对的时延≤1 000 ns;对于超 5 类和 6 类链路要求传输时延≤548 ns。

9)延迟偏离

延迟偏离是最短的传输延迟对(以 0 ns 表示)和其他线对间的差别。

10)电缆特性

通信信道的品质是由它的电缆特性描述的,SNR 是在考虑到干扰信号的情况下,对数据信号强度的一个度量。如果 SNR 过低,将导致数据信号在被接收时,接收器不能分辨数据信号和噪声信号,最终引起数据错误。因此,为了将数据错误限制在一定范围内,必须定义一个最小的可接收的 SNR。

3.双绞线连接器件

1)信息模块

信息模块一直用于电缆的端接或终结,在语音和数据通信中使用三种不同规格的模块,即四线位模块、六线位模块和八线位模块。四、六线位模块用于语音通信,八线位模块用于数据通信。

(1)RJ-11 信息模块

信息插座要求采用"8P8C"结构的 RJ-45 信息模块连接,有些综合布线工程为了节约成本,对于无须变更的语音通信链路的信息插座也有采用 RJ-11 信息模块连接("4P4C"结构)的,如图 1-10 所示。

(2)RJ-45 信息模块(见图 1-11)

信息模块用于端接水平电缆,模块中有 8 个与电缆导线连接的接线。RJ-45 连接头插入模块后,与那些触点物理连

图 1-10　RJ-11 信息模块

接在一起。信息模块与插头的 8 根针状金属片,具有弹性连接,且有锁定装置,一旦插入连接,很难直接拔出,必须解锁后才能顺利拔出。

信息模块用绝缘位移式连接(IDC)技术设计而成,连接器上有与单根电缆导线相连的接线块(狭槽),通过打线工具或者特殊的连接器帽盖将双绞线导线压到接线块里。双绞电缆与信息模块的接线块连接时,应按色标要求的顺序进行卡接。

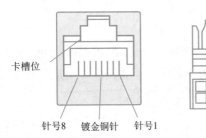
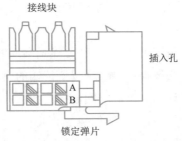
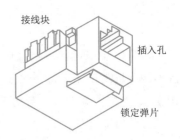

接线块

接线块

卡槽位

插入孔

插入孔

针号8 镀金铜针 针号1

锁定弹片

锁定弹片

图 1-11 RJ-45 信息模块

2）RJ 连接头

（1）RJ-11 连接头（见图 1-12）

"4P4C"类型的连接器，称为 RJ-11 连接头，用于电话连接在综合布线系统中，电话信息插座要求安装为"8P8C"结构的数据信息模块，用该信息模块适配 RJ-11 连接头的跳线连接到电话机，用于语音通信。

图 1-12 RJ-11 连接头

（2）RJ-45 连接头（见图 1-13）

综合布线双绞线端接采用八线位"8P8C"结构，信息模块与 RJ 连接头连接标准有 T568A 或 T568B 两种结构。根据端接的双绞线的类型，有不同类型的 RJ-45 连接头，如 5 类/5e 类 RJ-45 连接头，6 类 RJ-45 连接头、非屏蔽 RJ-45 连接头和屏蔽的 RJ-45 连接头。

图 1-13 RJ-45 连接头

3）配线架

配线架是电缆或光缆进行端接和连接的装置，在配线架上可进行互连或交接操作。按安装位置分有建筑群配线架 CD、建筑物配线架 BD、楼层配线架 FD，按功能分有数据配线架和 110 语音配线架。

（1）数据配线架

数据配线架有 24 口和 48 口两种规格，主要用于端接水平布线的 4 对双绞线电缆。如果是数据链路，则用 RJ-45 跳线连接到网络设备上，如果是语音链路，则用 RJ-45-110 跳线跳接到 110 语音配线架（连语音主干电缆）。数据配线架有固定端口配线架和模块化配线架两种结构，固定端口配线架分竖式和横式固定端口配线架两种。

(2)110语音配线架

110型连接管理系统的基本部件是110配线架、连接块、跳线和标签。这种配线架有25对、50对、100对、300对等多种规格。110配线架其上装有若干齿形条,沿配线架正面从左到右均有色标,以区别各条输入线。这些线放入齿形条的槽缝里,再与连接块接合,利用788J1工具,就可将配线环的连线"冲压"到110C连接块上。

110A型配线架带腿的110配线架,可以应用于所有场合,特别是大型电话应用场合,通常直接安装在二级交接间、配线间或设备间墙壁上。

110D型配线架俗称不带引脚110配线架,适用于标准布线机柜安装。

110P型配线架由100对110D配线架及相应的水平过线槽组成,安装在一个背板支架上,底部有一个半密闭的过线槽,110P型配线架有300对和900对两种。

110配线系统中都用到了连接块(Connection Block),称为110C,有3对线(110C-3)、4对线(110C-4)和5对线(110C-5)3种规格的连接块。

二、同轴电缆及连接器件

1.双绞线的结构与分类

同轴电缆(Coaxial Cable,见图1-14)是由一根空心的外圆柱导体及其所包围的单根内导线所组成的。柱体同导线用绝缘材料隔开,其频率特性比双绞线好,能进行较高速率的传输。由于它的屏蔽性能好,抗干扰能力强,通常多用于基带传输。同轴电缆常用于有线电视系统中,在计算机网络中运用已较少。

在同轴电缆网络中,一般可分为主干网、次主干网和线缆3类。

图1-14　同轴电缆

主干线路在直径和衰减方面和其他线路不同,前者通常由防护层的电缆构成。次主干电缆的直径比主干电缆小,当在不同建筑物的层次上使用次主干电缆时,要采用高增益的分布式放大器,并要考虑沿着电缆与用户出口的接口。

同轴电缆不可绞接,各部分是通过低损耗的75 Ω连接器来连接的。连接器在物理性能上与电缆相匹配。中间接头和耦合器用线管包住,以防不慎接地。如果电缆埋在光照射不到的地方,最好把电缆埋在冰点以下的地层里,若不想把电缆埋在地下,最好采用电杆来架设。敷设同轴电缆应每隔100 m做一个标记,以便于未来维修,在必要时每隔20 m要对电缆进行支撑,以防重力作用使电缆受损。假如在建筑物内部安装电缆时,要考虑便于维修和扩展,在必要的地方还要提供管道来保护电缆。

1)按电缆直径大小分

(1)粗同轴电缆

适用于比较大型的局部网络,标准距离长,可靠性高,安装时不需要切断电缆,可以灵活调整计算机的入网位置,但是必须安装收发器,电缆安装难度大,总体造价高。

常见粗缆RG11:直径1.27 cm,最大传输距离500 m,阻抗为75 Ω。直径粗,弹性较差,不适合在室内狭窄的环境内架设,且 RG11 连接头制作复杂,并不能直接与计算机连接,因此粗缆的主要用途是扮演网络主干的角色,用来连接数个由细缆所结成的网络。

(2)细同轴电缆

造价低,安装简单,安装过程要切断电缆,两头要接上基本网络连接头,接头多时容易产生不良的隐患。

常见细缆 RG58:直径 0.26 cm,最大传输距离 185 m,阻抗 50 Ω,线材价格和连接头成本较低,且不需要购置集线器等设备,十分适合架设终端设备较为集中的小型以太网络。

2)按电缆传输信号的种类分

(1)基带同轴电缆

基带(或视频)同轴电缆是特性阻抗为 50 Ω 的同轴电缆,用于传送数字信号。通常把表示数字信号的方波所固有的频带称为基带,所以这种电缆又称基带(Baseband)同轴电缆。它具有高带宽和极好的噪声抑制特性,其带宽取决于电缆长度。1 km 的电缆可以达到 1~2 Gbit/s 的数据传输速率。同轴电缆已大量被光纤取代,但仍广泛应用于有线电视和某些局域网。

(2)带宽同轴电缆

宽带(或网络)同轴电缆是特性阻抗为 75 Ω 的 CATV 电缆,用于传送模拟信号。其可使用的频带高达 300~450 MHz,覆盖的区域广,需要模拟放大器周期性地加强信号,用以把进入网络的比特流转换为模拟信号,并把网络输出的信号再转换成比特流。对于带宽为 400 MHz 的CATV 电缆,其传输速率可达 100 Mbit/s。也可以采用频分多路技术(Frequency Division Multiplex,FDM)把整个带宽划分为多个独立的信道,分别传输数字、声音和视频信号,实现多种电信业务。

在综合布线工程中,主要使用特性阻抗为 75 Ω 的同轴电缆用于有线电视和模拟视频监控信号传输。按照在 CATV 系统中的使用位置可分为 3 种类型。

①干线电缆:其绝缘外径一般为 9 mm 以上的粗电缆,要求损耗小,柔软性要求不高。

②支线电缆:其绝缘外径一般为 7 mm 以上的中粗电缆,要求损耗较小,同时也要求一定的柔软性。

③用户分配网电缆:其绝缘外径一般为 5 mm,损耗要求不是主要的,但要求良好的柔软性和室内统一协调性。

基带同轴电缆屏蔽线是用铜做成的网状;宽带同轴电缆的屏蔽层通常是用铝冲压成的。同轴电缆安装时屏蔽层必须接地,同时两头要有终端器来削弱信号反射作用。

常用的同轴电缆规格有:

①规格是 RG-8 和 RG-11,阻抗为 50 Ω 常用来实现粗缆以太网。

②规格是 RG-58,阻抗为 50 Ω 常用来实现细缆以太网。

③规格是 RG-59,阻抗为 75 Ω 常用来实现电视传输,也可用于宽带数据网络。

④规格是 RG-62,阻抗为 93 Ω 常用来连接 IBM3270 终端。

2. 同轴电缆的电气特性

1) 特性阻抗

特性阻抗与频率无关,完全取决于电缆的电感和电容,而电感和电容取决于导体材料、内外导体间的介质和内外导体直径。

2) 衰减特性

单位长度(如 100 m)电缆对信号衰减的分贝数。信号在同轴电缆里传输时的衰耗与同轴电缆的尺寸、介电常数、工作频率有关。衰减常数与信号的工作频率 f 的平方根成正比,即频率越高,衰减常数越大,频率越低,衰减常数越小。

3) 传播速度

最低传播速度为 $0.77c$(c 为光速)。

4) 直流回路电阻

电缆中心导体的电阻,加上屏蔽层的电阻总和不超过 10 mΩ/m(20 ℃测量时)。

3. 同轴电缆连接器件

1) 同轴电缆连接器件类型

同轴电缆连接器有具有 3 种主要的专业级系列:SAM 型、BNC 型和 N 型系列。

所有的 BNC 附件和连接器的阻抗都是 50 Ω,但更普遍使用的却是 75 Ω 型的,除 50 Ω 的插头、插座比 75 Ω 的略大一些外,其外观完全相同。但必须注意,不同阻抗的连接器的混装会造成损坏。有一种应用广泛的"跨系列通用适配器"可连接各种型号的 BNC 型连接器。

N 型连接器一般用于工作频率 1 GHz 以上的设备。N1 型连接器仅用于与 URM67 或 RG213/U 型电缆的连接,适用于外径 10.3 mm 的电缆。N2 型插头可用于外径 5 mm 的 URM43 型电缆或 URM76 型电缆,这是一种专门为连接阻抗为 Z_0 的电缆而制作的、最小可能尺寸的零件,其特征频率高达 10 GHz。

SAM 型连接器是可压接或夹接的小尺寸连接器,常通过与 RG402 和 RG405 半刚性电缆的焊接,装配于这两种电缆上,其工作频率可达 18 GHz。

2) 布线结构

(1) 细缆构成的网络结构(见图 1-15)

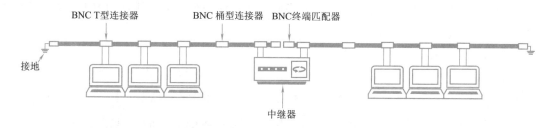

图 1-15 细缆构成的网络结构

优点:容易安装、造价低、网络抗干扰能力强。

缺点:网络维护和扩展困难,电缆系统的断点较多,网络可靠性差。

（2）粗缆网络结构（见图 1-16）

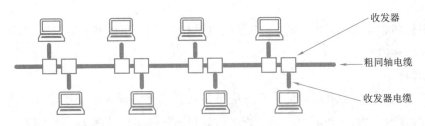

收发器

粗同轴电缆

收发器电缆

图 1-16 粗缆构成的网络结构

优点：较高的可靠性，网络抗干扰能力强，以及较大的地理覆盖范围。

缺点：网络安装、维护和扩展困难，造价高。

无论哪种结构，一根同轴电缆上接多部机器（总线拓扑结构），当某一点发生故障时，会影响所有机器，故障的诊断和修复麻烦。因此，逐步被非屏蔽双绞线或光缆取代。

三、光纤及连接器件

随着对光纤需求的迅猛发展，光纤布线系统将成为发展主流方向。光纤本身传输信号的显著优势是有很宽的传输带宽，基本上能满足当前及未来大容量数据传输对带宽的需求。第二个优势是光纤传输距离远，如海底光缆和主干光缆，通过中继以后可达到上千千米的远距离传输，这对于整个通信系统非常有利。光纤布线的第三个优势是在传输过程中，光纤对信息传输的稳定性、可靠性很高，这个特性使得光的信号传输达到很远的距离。其第四个优势是信号抗干扰能力强。通过光信号传输，光纤对于各种电磁干扰具有很好的屏蔽效应，基本上不会受到外界各种电磁干扰的影响，同时，光纤布线的成本正在明显下降，这使多模光纤、单模光纤都具有很高的性价比，这使得光纤与铜缆比较起来在这方面更具突出优势。

1. 光纤的概述

光纤是一种光导纤维，是一种传输光束的细而柔韧的介质，由一捆光纤组成线缆即光缆，光缆是当前数据通信传输中最高效的传输介质。

实用的光纤是比人的头发丝稍粗的玻璃丝，一般分为三层（见图 1-17），中心的纤芯是高折射率玻璃芯，中间的包层是硅玻璃层，外面的涂覆层是树脂涂层。纤芯完成信号的传输，包层与纤芯的折射率不同，将光信号封闭在纤芯中传输并起到保护纤芯的作用，工程中一般将多条光纤固定在一起构成光缆（见图 1-18）。

2. 光纤的种类与用途

1）以传输模式分类

按传输模式分：分为单模光纤（Single Mode Fiber）和多模光纤（Multi Mode Fiber）。

光以特定的入射角度射入光纤，在光纤和包层间发生全发射，从而可以在光纤中传播，即称为一个模式。当光纤直径较大时，可以允许光以多个入射角射入并传播，称为多模光纤。多模光纤允许多束光在光纤中同时传播，从而形成模分散，模分散技术限制了多模光纤的带宽和距离，因此，多模光纤的芯线粗、传输速度低、距离短、整体的传输性能差，但其成本比较低，一般用于建筑物内或地理位置相邻的环境。

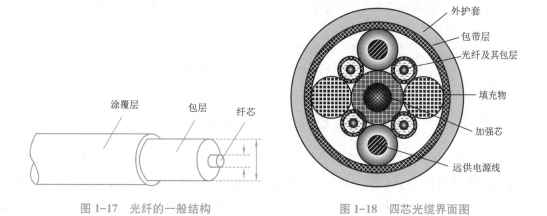

图 1-17 光纤的一般结构   图 1-18 四芯光缆界面图

当直径较小时,只允许一个方向的光通过,称为单模光纤。单模光纤只能允许一束光传播,所以单模光纤没有模分散特性。因而,单模光纤的纤芯相应较细、传输频带宽、容量大、传输距离长,但因其需要激光源,故成本较高,通常在建筑物之间或地域分散时使用。

实际通信中应用的光纤绝大多数是单模光纤,二者的区别如图 1-19 所示。

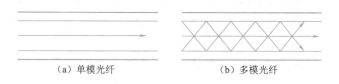

(a)单模光纤   (b)多模光纤

图 1-19 单模光纤与多模光纤

两种光纤特性比较如表 1-4 所示。

表 1-4 单模光纤和多模光纤特性比较

比较项目	单模光纤	多模光纤
速度	高速度	低速度
距离	长距离	短距离
成本	成本高	成本低
其他性能	窄芯线、需要激光源、聚光好、耗散极小、高效	宽芯线、耗散大、低效

2)以折射率分布分类

根据光纤横截面上折射率的不同,可以分为跃变式光纤和渐变式光纤。跃变式光纤的纤芯和包层间的折射率是两个不同的常数,在纤芯和包层的交界面,折射率呈阶梯型突变。渐变式光纤纤芯的折射率随着半径的增加按一定规律减小,在纤芯与包层交界处减小为包层的折射率,纤芯的折射率的变化近似于抛物线。光在不同折射率分布的光纤中的传输过程如图 1-20 所示。

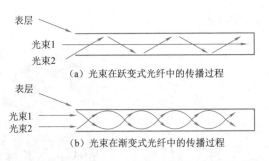

（a）光束在跃变式光纤中的传播过程

（b）光束在渐变式光纤中的传播过程

图 1-20　光在不同折射率分布的光纤中的传输过程

国家通信行业标准规定，在综合布线系统中多模光纤纤芯直径为 62.5 μm，包层为125 μm，也就是通常所说的 62.5 μm，另一种纤芯直径为 50 μm。单模光纤纤芯直径为 8～10 μm，包层直径为 125 μm。在导入波长上，多模为 850 nm 和 1 300 nm，单模为 1 310 nm 和 1 550 nm。在工程中，以光纤纤芯直径为 62.5 μm，包层为 125 μm 的渐变型增强多模光纤使用较多。因为它的光耦合效率较高、纤芯直径较大，在施工安装时光纤对准比较容易，技术要求不是很高，同时要配备的设备也较少。这种光缆在微小弯曲或较大弯曲时，其传输特性都不会有太大改变。

3.光缆电器特性参数

光缆布线系统安装完成之后需要对链路传输特性进行测试，主要的几个测试项目是链路的衰减特性、回波损耗和插入损耗等。

1）衰减特性

①衰减是光在沿光纤传输过程中光功率的减少。

②对光纤网络总衰减的计算：光纤损耗（LOSS）是指光纤输出端的功率 Power out 与发射到光纤时的功率 Power in 的比值。

③损耗是同光纤的长度成正比的，总衰减不仅表明了光纤损耗本身，还反映了光纤的长度。

④光缆损耗因子（α）：为反映光纤衰减的特性，引进光缆损耗因子的概念。

2）回波损耗

反射损耗又称回波损耗，它是指在光纤连接处，后向反射光相对输入光的比率的分贝数，回波损耗愈大愈好，以减少反射光对光源和系统的影响。改进回波损耗的方法是，尽量选用将光纤端面加工成球面或斜球面。

3）插入损耗

插入损耗是指光纤中的光信号通过活动连接器之后，其输出光功率相对输入光功率的比率的分贝数，插入损耗愈小愈好。

4.光纤连接器件

一条光纤链路，除了光纤外还需要各种不同的硬件，其中一些用于光纤连接，另一些用于光纤的整合和支撑。光纤的连接主要在配线间完成，它的连接过程如下：光缆敷设至配线间后连至光纤配线架（光纤终端盒），光缆与一条光纤尾纤熔接，尾纤的连接器插入光纤配线架上的光纤耦合器的一端，耦合器的另一端用光纤跳线连接，跳线的另一端通过交换机的光纤接口或光纤收发器与交换机相连，从而形成一条通信链路。

1）光纤配线设备

光纤配线设备是光缆与光通信设备之间的配线连接设备，用于光纤通信系统中光缆的成端和分配，可方便地实现光纤线路的熔接、跳线、分配和调度等功能。适用于光纤到小区、光纤到大楼、远端模块及无线基站的中小型配线系统。

光纤配线架有机架式光纤配线架、光纤接续盒、挂墙式光缆终端盒和光纤配线箱等类型，可根据光纤数量和用途加以选择。

2）光纤连接器

光纤连接器是光纤系统中使用最多的光纤无源器件，是用来端接光纤的，光纤连接器的首要功能是把两条光纤的纤芯对齐，提供低损耗的连接。光纤连接器按连接头结构可分为：FC、SC、ST、LC、D4、DIN、MU、MT 等型号。按光纤端面形状分有 FC、PC（包括 SPC 或 UPC）和APC 型；按光纤芯数分有单芯、多芯（如 MT-RJ）型光纤连接器。

传统主流的光纤连接器是 FC 型（螺纹连接式）、SC 型（直插式）和 ST 型（卡扣式）3 种，它们的共同特点是都有直径为 2.5 mm 的陶瓷插针，这种插针可以大批量地进行精密磨削加工，以确保光纤连接的精密准直。插针与光纤组装非常方便，经研磨抛光后，插入损耗一般小于0.2 dB。

小型化（SFF）光纤连接器是为了满足用户对连接器小型化、高密度连接的使用要求而开发出来的。它压缩了整个网络中面板、墙板及配线箱所需要的空间，使其占有的空间只相当传统ST 和 SC 连接器的一半。而且在光纤通信中，连接光缆时都是成对使用的，即一个输出（Output，光源），一个输入（Input，光检测器）。如果在使用时，能够成对使用而不用考虑连接的方向，而且连接简捷方便，有助于网络连接。SFF 光纤连接器已受到越来越多用户的喜爱，大有取代传统主流光纤连接器 FC、SC 和 ST 的趋势。因此小型化是光纤连接器的发展方向。

3）光纤跳线

光纤跳线是指光缆两端都装上连接器插头，用来实现光路活动连接，一端装有插头称为尾纤。光纤跳线和同轴电缆相似，只是没有网状屏蔽层，中心是光传播的玻璃芯。在多模光纤中，芯的直径是 $50\sim65\ \mu m$，大致与人的头发的粗细相当。而单模光纤芯的直径为 $8\sim10\ \mu m$。芯外面包围着一层折射率比芯低的玻璃封套，以使光纤保持在芯内。再外面的是一层薄的塑料外套，用来保护封套。

4）光纤尾纤

光纤尾纤是指用于连接光纤和光纤耦合器的一个类似一半跳线的接头，它包括一个跳线接头和一段光纤。光纤尾纤比较纤细，尾纤截面为 8°角的倾斜面，不耐高温，超过 100 ℃就会脱皮。

需要注意的是光纤尾纤和跳线不是一个概念，光纤尾纤只有一头是活动接头，而跳线两头都是活动接头。接口有很多种，不同接口需要不同的耦合器，跳线一分为二还可以作为尾纤用。

5）光纤适配器（耦合器）

光纤适配器又称光纤耦合器，是实现光纤活动连接的重要器件之一，它通过尺寸精密的开口套管在适配器内部实现光纤连接器的精密对准连接，保证两个连接器之间有一个低的连接损耗。

光纤适配器两端可插入不同接口类型的光纤连接器,实现 FC、SC、ST、LC、MTRJ、MPO、E2000 等不同接口间的转换,广泛应用于光纤配线架、光纤通信设备、仪器等,性能超群,稳定可靠。

6)光纤面板

光纤到桌面时,和双绞线的综合布线一样,需要在工作区安装光纤信息插座,光纤信息插座就是一个带光纤适配器的光纤面板。光纤信息插座和光纤配线架的连接结构一样,光缆敷设至底盒后,光缆与一条光纤尾纤熔接,尾纤的连接器插入光纤面板上的光纤适配器的一端,光纤适配器的另一端用光纤跳线连接计算机。

任务小结

网络传输介质是网络中发送方与接收方之间的物理通路,它对网络的数据通信具有一定的影响,常用的传输介质分为有线传输介质和无线传输介质两大类。有线传输介质主要有铜缆和光纤,铜缆又分为同轴电缆和双绞线电缆。不同的传输介质,其特性也各不相同,它们不同的特性对网络中数据通信质量和通信速度有较大影响。

项目二 综合布线系统设计

任务一 初识综合布线系统设计

任务描述

本任务介绍综合布线系统设计中的常见术语与符号、系统设计等级、设计原则与步骤。同时介绍综合布线系统的结构以及设备配置和接口。

任务目标

①认识我国关于综合布线工程设计规范及国外同类的相关规范标准。
②认识系统设计中的常用符号。
③熟悉和了解建筑物（群）的结构，根据确定的网络拓扑初步确定综合布线系统的结构。
④熟悉综合布线系统的设备配置和接口。

任务实施

一、综合布线系统设计标准

综合布线系统的标准是由市场的激烈竞争而不断演化和趋于一致的，各个结构化布线系统的厂商通常都在推行自己的布线系统标准，但若厂商推行的标准不符合流行的国际标准，其产品就可能没有更大的市场。因此，绝大多数的综合布线产品都符合综合布线的国际标准。

结构化布线系统在国内外主要有两大标准。

1. 国际标准

①ANSI/TIA/EIA-568-A《商业建筑通信布线标准》，在北美广泛使用。1985年在美国开始编制，1991年形成第一个版本，后经改进，于1995年10月正式定为ANSI/TIA/EIA-568-A。

②ANSI/TIA/EIA-568-B，由ANSI/TIA/EIA-568-A演变而来，经过十个版本修改，于2002年6月正式颁布。新的ANSI/TIA/EIA-568-B标准从结构上分为3部分：第一，ANSI/

TIA/EIA-568-B.1 综合布线系统总体要求;第二,ANSI/TIA/EIA-568-B.2 平衡双绞线布线组件;第三,ANSI/TIA/EIA-568-B.3 光纤布线组件。

③ANSI/TIA/EIA-569-A《商业建筑电信通道和空间标准》。

④ANSI/TIA/EIA-606-A《商业建筑电信基础设施的管理标准》。

⑤ANSI/TIA/EIA-942:2005《数据中心电信设施标准》。

⑥ANSI/TIA/EIA-607:1994《商业建筑电信接地和接合要求》。

EN 50173 综合布线欧洲标准。与前两个北美标准在基本理论上是相同的,都是利用铜质绞线的特性实现数据链路的平衡传输,但欧洲标准更强调电磁兼容性,提出通过线缆屏蔽层使线缆内部的双绞线对在高带宽传输的条件下,具备更强抗干扰能力和防辐射能力。

ISO/IEC 11801:2002《用户建筑综合布线》。它是 ISO 在 1995 年颁布的国际标准。

这些标准支持下列计算机网络标准:

· IEE802.3 总线局域网络标准;

· IEE802.5 环型局域网络标准;

· FDDI 光纤分布数据接口高速网络标准;

· CDDI 铜线分布数据接口高速网络标准;

· ATM 异步传输模式。

2.国家标准

中国国家建筑物综合布线系统和计算机系统也相应制定和颁布了国家标准,这些标准主要包括:

①《综合布线系统工程设计规范》(GB 50311—2016);

②《综合布线系统工程验收规范》(GB/T 50312—2016);

③《计算机场地通用规范》(GB/T 2887—2011);

④《数据中心设计规范》(GB 50174—2017);

⑤《计算机场地安全要求》(GB/T 9361—2011)。

这些标准作为综合布线工程设计、实施时的技术执行和验收标准。

二、综合布线系统设计准则

要设计出结构合理、技术先进、满足需求的综合布线系统方案,设计之前,除了要完成用户信息需求分析、现场勘察建筑物的结构和与建设工程各项目系统的协调沟通等物理准备工作之外,还需做好技术准备工作,确定设计原则、选定设计等级、规范设计术语、按设计步骤完成设计任务。

1.设计原则

从理想角度看,综合布线系统应为建筑物所有信息的传输系统,可传输数据、语音、影像和图文等多种信号,支持多种厂商各类设备的集成与集中管理控制。通过统一规划、统一标准、模块化设计和统一建设实施,利用双绞线或光缆介质(或某种无线方式)来完成各类信息的传输,以满足楼宇自动化、通信自动化、办公自动化的"3A"要求。但实际上大多数综合布线系统只包含数据和语音的结构化布线系统，有些布线系统将有线电视、安防监控等部分的其他信息传输系统加进来。真正集成建筑物所有信息传输（所谓体现三网合一）的综合布线还不多，同时由于智能建筑物所有信息系统都是通过计算机来控制，综合布线系统和网络技术息息相关，在设计综合布线系统时应充分考虑到使用的网络技术，使两者在技术性能上获得统一，避免硬件资源的冗余和浪费，以最大化发挥综合布线系统优点。

进行综合布线系统的设计时，应遵循如下设计原则：

①尽可能将综合布线系统纳入建筑物整体规划、设计和建设之中。比如在建筑物整体设计中就完成垂直干线子系统和水平干线子系统的管线设计，完成设备间和工作区信息插座的定位。

②综合考虑用户需求、建筑物功能、当地技术和经济的发展水平等因素。尽可能将更多的信息系统纳入综合布线系统。

③长远规划思想，保持一定的先进性。综合布线是预布线，在进行布线系统的规划设计时可适度超前，采用先进的技术、方法和设备，做到既能反映当前水平，又具有较大发展潜力。通常，综合布线厂商都有 15 年的质量保证，就是说在这段时间内布线系统不需要有较大的变动，就能适应通信的需求。

④扩展性。综合布线系统应是开放式结构，应能支持语音、数据、图像（较高传输率的应能支持实时多媒体图像信息的传送）及监控等系统的需要。在进行布线系统的设计时，应适当考虑今后信息业务种类和数量增加的可能性，预留一定的发展余地。实施后的布线系统将能在现在和未来适应技术的发展，实现数据、语音和楼宇自控一体化。

⑤标准化。为了便于管理、维护和扩充，综合布线系统的设计均应采用国际标准或国内标准及有关工业标准，支持基于基本标准的主流厂家的网络通信产品。

⑥灵活的管理方式。综合布线系统应采用星状/树状结构，采用层次管理原则，同一级节点之间应避免线缆直接连通。建成的网络布线系统应能根据实际需求而变化，进行各种组合和灵活配置，方便地改变网络应用环境，所有的网络形态都可以借助于跳线完成。比如，语音系统和数据系统的方便切换；星状网络结构改变为总线网络结构。

⑦经济性。在满足上述原则的基础上，力求线路简洁，距离最短，尽可能降低成本，使有限的投资发挥最大的效用。

2.综合布线系统的设计等级

综合布线设计等级分为基本型、增强型和综合型。基本型适用于综合布线中配置标准较低的场合，使用双绞线电缆。增强型适用于综合布线中中等配置标准的场合，使用双绞线电缆。综合型适用于综合布线中配置标准较高的场合，使用光缆和双绞线电缆或混合电缆。综合型综合布线配置应在基本型和增强型综合布线的基础上增设光缆及相关连接件。

所有基本型、增强型、综合型综合布线系统都能支持语音、数据、图像等系统，能随工程的需要转向更高功能的布线系统。它们之间的主要区别在于：支持语音和数据服务所采用的方式；在移动和重新布局时实施线路管理的灵活性。

（1）基本型综合布线系统的特点

①是一种富有价格竞争力的综合布线方案，能支持所有语音和数据的应用。

②应用于语音、语音/数据或高速数据。

③便于技术人员管理。

④采用气体放电管式过压保护和能够自复的过流保护。

⑤能支持多种计算机系统数据的传输。

（2）增强型综合布线系统的特点

增强型综合布线系统不仅具有增强功能，而且还可提供发展余地。它支持语音和数据应用，并可按需要利用端子板进行管理。

①每个工作区有两个信息插座，不仅机动灵活，而且功能齐全。

②任何一个信息插座都可提供语音和高速数据应用。

③按需要可利用端子板进行管理。

④是一个能为多个数据设备制造部门环境服务的经济有效的综合布线方案。

⑤采用气体放电管式过压保护和能够自复的过流保护。

（3）综合型综合布线系统的特点

综合型综合布线系统的主要特点是引入光缆，可适用于规模较大的建筑物或建筑群，其余特点与基本型或增强型相同。

3.设计步骤

综合布线系统是一项新兴综合技术，不完全是建筑工程中的"弱电"工程。综合布线系统设计是否合理，直接影响通信、计算机等设备的功能。

由于综合布线配线间以及所需的电缆竖井、孔洞等设施都与建筑结构同时设计和施工，即使有些内部装修部分可不同步进行，但它们都依附于建筑物的永久性设施，所以在具体实施综合布线的过程中，各工种之间应共同协商，紧密配合，切不可互相脱节和发生矛盾，避免因疏漏造成不应有的损失或留下难以弥补的后遗症。

设计一个合理的综合布线系统一般有 7 个步骤：

①分析用户需求。

②获取建筑物平面图。

③系统结构设计。

④布线路由设计。

⑤技术方案论证。

⑥绘制综合布线施工图。

⑦编制综合布线用料清单。

综合布线的设计过程，可用图 2-1 所示的流程图来描述。

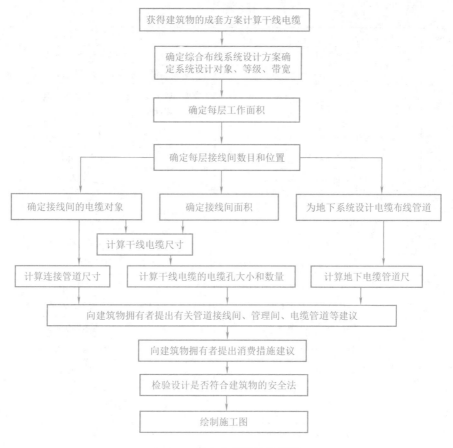

图 2-1　综合布线设计流程图

4.名词术语

我国国家标准 GB 50311—2016《综合布线系统工程设计规范》中定义了综合布线有关的术语与符号,表 2-1 中列出了部分相关的术语和符号,国标 GB 50311—2016 定义的术语与国际标准化组织 ISO/IEC 11801:2002(第 2 版)相似,但与北美标准 ANSI/TIA/EIA-568-A 有差异,表 2-2 中列出了 ISO/IEC 11801:2002 与 ANSI/TIA/EIA-568-A 相关术语比较,本书除特别申明,都采用GB 50311—2016 技术规范中定义的术语与符号。

表 2-1　综合布线有关的术语与符号

术语或符号	英文名	中文名或解释
ACR	Attenuation to Crosstalk Ratio	衰减与串扰比
BA	Building Automatization	楼宇自动化
BD	Building Distributor	建筑物配线设备
CA	Communication Automatization	通信自动化
CD	Campus Distributor	建筑群配线设备
CP	Consolidation Point	集合点
CISPR	Commission Internationale Speciale des Perturbations Radio	国际无线电干扰特别委员会

术语或符号	英文名	中文名或解释
dB	dB	电信传输单位:分贝
dBm	dBm	取 1 mW 作基准值,以分贝表示的绝对功率电平
dB$_{mo}$	dB$_{mo}$	取 1 mW 作基准值,相对于零相对电平点,以分贝表示的信号绝对功率电平
EIA	Electronic Industries Association	美国电子工业协会
ELFEXT	Equal Level Far End Crosstalk	等电平远端串音
EMC	Electro Magnetic Compatibility	电磁兼容性
EMI	Electro Magnetic Interference	电磁干扰
ER	Equipment Room	设备间
FC	Fiber Channel	光纤信道
FD	Floor Distributor	楼层配线设备
FDDI	Fiber Distributed Data Interface	光纤分布数据接口
FEP	[(CF(CF)-CF)(CF-CF)]	FEP 氟塑料树脂
FEXT	Far End Crosstalk	远端串扰
FTP	Foil Twisted Pair	金属箔双绞线
FTTB	Fiber To The Building	光纤到大楼
FTTD	Fiber To The Desk	光纤到桌面
FTTH	Fiber To The Home	光纤到家庭
FWHM	Full Width Half Maximum	谱线最大宽度
GCS	Generic Cabling System	综合布线系统
HIPPI	High Perform Parallel Interface	高性能并行接口
HUB	HUB	集线器
ISDN	Integrated Building Distribution Network	建筑物综合分布网络
IBS	Intelligent Building System	智能大楼系统
IDC	Insulation Displacement Connection	绝缘压穿连接
IEC	International Electrotechnical Commission	国际电工技术委员会
IEEE	The Institute of Electrical and Electronlce Engineers	美国电气及电子工程师学会
ISO	Integrated Organization for Standardizafion	国际标准化组织
ITU-T	International Telecommunication Union-Telecommunications (formerly CCITT)	国际电信联盟-电信(前称 CCITT)
LSHF-FR	Low Smoke Halogen Free-Flame Retardant	低烟无卤阻燃
LSLC	Low Smoke Limited Combustible	低烟阻燃
LSCN	Low Smoke Non-Combustible	低烟非燃
LSOH	Low Smoke Zero Halogen	低烟无卤
MDNEXT	Multiple Disturb NEXT	多个干扰的近端串音
MLT-3	Multi-Level Transmission-3	3 电平传输码

续表

术语或符号	英文名	中文名或解释
MUTO	Multi-User Telecommunications Outlet	多用户信息插座
N/A	Not Applicable	不适用的
NEXT	Near End Crosstalk	近端串音
OA	Office Automatization	办公自动化
PBX	Private Branch exchange	用户电话交换机
PDS	Premises Distribution System	建筑物布线系统
PFA	[（CF（OR）-CF）（CF-CF）]	PFA 氟塑料树脂
PSELFEXT	Power Sum ELFEXT	等电平远端串音的功率和
PSNEXT	Power Sum ELFEXT	近端串音的功率和
RF	Radio Frequency	射频
SC	Subscriber Connector (Optical Fiber)	用户连接器(光纤)
SC-D	Subscriber Connector-Dual（Optical Fiber）	双联用户连接器(光纤)
SCS	Structured Cabling System	结构化布线系统
SDU	Synchronous Data Unit	同步数据单元
SM FDDI	Single-Mode FDDI	单模 FDDI
SFTP	Shielded Foil Twisted Pair	屏蔽金属箔双绞线
STP	Shielded Twisted Pair	屏蔽双绞线
TIA	Telecommunications Industry Association	美国电信工业协会
TO	Telecommunications Outlet	信息插座(电信引出端)
TP	Transition Point	转接点
TP-PMD/CDDI	Twisted Pair-Physical Layer Medium Dependent/ cable Distributed Data Interface	依赖双绞线介质的传送模式/或称铜缆分布数据接口
UL	Underwriters Laboratories	美国保险商实验所安全标准
UNI	User Network Interface	用户网络侧接口
UTP	Unshielded Twisted Pair	非屏蔽双绞线
Vr. m. s	Vroot. mean. square	电压有效值

表 2-2　ISO/IEC 11081:2002 和 ANSI/TIA/EIA-568-A 综合布线设计与安装中的主要术语

ISO/IEC 11081:2002		ANSI/TIA/EIA-568-A	
解释	术语	解释	术语
建筑群配线架	CD	主配线间	MDF
建筑配线架	BD	楼层配线间	IDF
楼层配线架	FD	通信插座	IO
通信插座	IO	过渡点	TP
过渡点	TP		

三、综合布线系统的结构

1. 综合布线系统结构与组成

综合布线的特征是建筑物内或建筑群间的模块化、灵活性较高的信息传输通道,既能使语音、数据、图像设备和数据交换设备与其他信息系统彼此相连,也能使这些设备与外部的通信网互连。

综合布线系统由不同系列和规格的部件组成,其中主要包括传输介质、相关连接硬件(如配线架、插座、插头、适配器)以及电气保护设备等。

综合布线系统的拓扑结构一般采用分层星状结构,该结构下每个分支子系统都是相对独立的单元,对每个分支子系统的改动都不影响其他子系统,只要改变节点连接方式就可使综合布线在星状、总线、环状和树状等结构之间进行转换。

综合布线系统普遍采用模块化结构,即子系统结构。按每个子系统的作用,可将综合布线划分 7 个(按照新标准,增加了管理子系统)相对独立的部分,如图 2-2 所示。

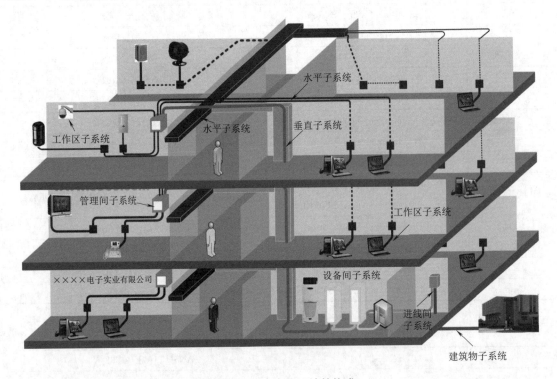

图 2-2 综合布线系统的构成

这 7 部分中的每一部分都相互独立,可单独设计,单独施工。更改其中某个子系统时,通常不会影响其他子系统的完整和其性能。

(1)工作区子系统

工作区子系统简称工作区,一个独立的需要设置终端设备的区域宜划分为一个工作区。提供从水平子系统端接设施到设备的信号连接,通常由连接线缆、网络跳线和适配器组成。用户可以将电话、计算机和传感器等设备连接到线缆插座上,插座通常由标准模块组成,能够完成从建筑物自控系统的弱电信号到高速数据网和数字语音信号等各种复杂信息的传送。

一个工作区的服务面积可按 5～30 m² 估算,或按建筑物不同的应用场合及功能需求调整面积的大小。每个工作区至少设置一个信息插座用来连接电话或计算机终端设备,或按用户要求设置。工作区内的每一个信息插座均应支持电话、计算机、数据终端等终端设备的设置和安装,如图 2-3 所示。

(2)配线(水平)子系统

配线子系统又称水平主干子系统,它提供楼层配线间至用户工作区的通信干线和端接设施。水平干线通常使用屏蔽双绞线(STP)和非屏蔽双绞线(UTP),也可以根据需要选择光缆。端接设施主要是相应通信设备和线路连接插座。对于利用双绞线构成的水平主干子系统,通常最远延伸距离不能超过 90 m,如图 2-4 所示。

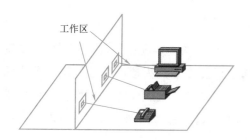

图 2-3 工作区子系统构成图

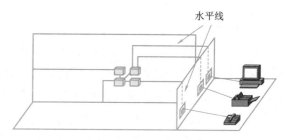

图 2-4 配线(水平)子系统构成图

水平子系统与干线子系统的区别在于:水平子系统通常处在同一楼层上,或同一水平上,线缆的一端接在配线间的配线架上,另一端接到信息插座上。在建筑物内水平子系统多为 4 对双绞电缆或光纤。这些双绞电缆能支持大多数的网络终端设备,在需要较高带宽应用时,水平子系统也可以采用"光纤到桌面"的方案。当水平工作面积较大时,在这个区域内可设置二级交接间。

(3)干线(垂直)子系统

干线子系统又称为垂直主干子系统,它是建筑物中最重要的通信干道,通常由大对数铜缆或多芯光缆组成,安装在建筑物的弱电竖井内。垂直干线子系统提供多条连接路径,将位于主控中心的设备和位于各个楼层的配线间的设备连接起来,两端分别端接在设备间和楼层配线间的配线架上。垂直主干子系统线缆的最大延伸距离与所采用的子系统线缆有关,如图 2-5 所示。

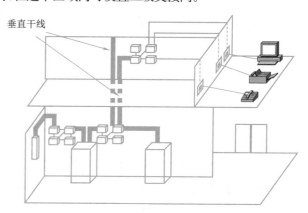

图 2-5 干线(垂直)子系统构成图

(4)设备间子系统

设备间子系统简称设备间,它是结构化布线系统的管理中枢,整个建筑物或大楼的各种信号都经过各类通信电缆汇集到该子系统。具备一定规模的结构化布线系统通常设立集中安置设备的主控中心,即通常所说的网络中心机房或信息通信中心机房。在设备间安装、运行和管理系统的公共设备,如计算机局域网主干通信设备、各种公共网络服务器和程控交换设备(见图 2-6)等。为便于设备的搬运和各种汇接的方便,如广域网电缆接入,设备间的位置通常选定在每一座大楼底层(如第 1、2 层或第 3 层)。之所以这样设计,主要是为了方便各种管理以及设备的安装,相对于各种系统而言,可以实现就近连接。

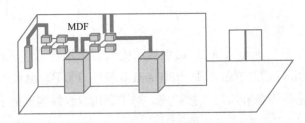

图 2-6　设备间子系统构成图

（5）管理区子系统

管理区子系统又称管理区。在结构化布线系统中,管理子系统是垂直子系统和水平子系统的连接管理系统,由通信线路互连设施和设备组成,通常设置在专门为楼层服务的设备配线间内。常用的管理子系统设备包括局域网交换机、布线配线系统和其他有关的通信设备和计算机设备。如图 2-7 所示,通常在管理区设置配线系统,利用布线配线系统,网络管理者可以很方便地对水平主干子系统的布线连接关系进行变更和调整。

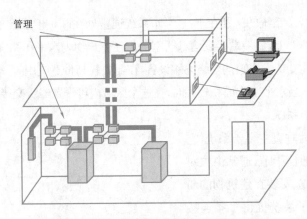

图 2-7　管理区子系统构成图

综合布线配线系统又称配线架,它由各种各样的跳线板和跳线组成。在结构化布线系统中,当需要调整配线连接时,即可通过配线架的跳线来重新配置布线的连接顺序。从一个用户端子跳接到另一条线路上去。跳线有各种类型,如光纤跳线、双绞线跳线,既有单股,也有多股。跳线机构的线缆连接大都采用无焊快速接续方法,基本的连接器件就是接线子,接线子根据不同的快接方法具有不同的结构。其中根据绝缘移位法而发展起来的快速夹线法被广泛使用,这种接线子一般为钢制带刃的线夹,当把电缆压入线夹时,线夹的刀刃会剥开电缆的绝缘层而与缆芯相连接。

随着光纤技术在通信和计算机领域中的广泛应用,光纤在布线系统中也得到越来越多的应用。布线系统中光纤的连接需要有专门的设备和专用技术、严格的操作规程。图 2-8 所示为综合布线系统的配线系统示意图。

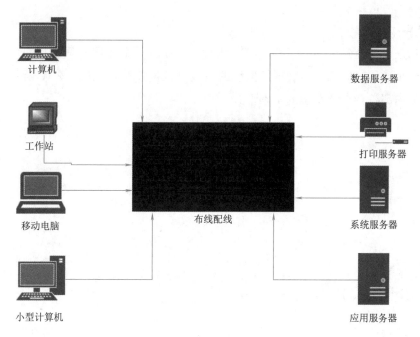

图 2-8 配线系统示意图

（6）建筑群子系统

建筑群由两个及两个以上建筑物组成，这些建筑群相互之间要进行信息数据的交换。综合布线的建筑群干线子系统的作用，就是构造从一座建筑物延伸到建筑群内的其他建筑物的标准通信连接，系统组成包括连接各建筑物之内的线缆、建筑群综合布线所需的各种硬件，如电缆、光缆和通信设备、连接部件等。图 2-9 所示为两座建筑物之间的综合布线系统的构成示意图。

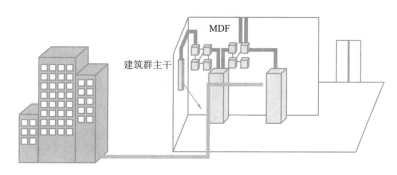

图 2-9 两座建筑物之间的综合布线系统的构成示意图

建筑群主干缆线宜采用地下管道或电缆沟的敷设方式，管道内敷设的铜缆或光缆应遵循电话管道和入孔的各项设计规定。此外安装时至少应预留 1～2 个备用管孔，以供扩充之用。建筑群子系统采用直埋沟内敷设时，如果在同一沟内埋入了其他的诸如图像、监控系统等的电缆，应设立明显的共用标志。

(7)进线间子系统

进线间子系统是建筑物外部通信和信息管线的进入通道。

2.综合布线的网络结构

(1)星状网络结构

这种形式是以一个建筑物配线架(BD)为中心,配置若干个楼层配线架(FD),每个楼层配线架连接若干个通信出口(TO),表现了传统的两级星状拓扑结构,如图 2-10 所示。这是单幢智能建筑物的内部综合布线系统的基本形式。

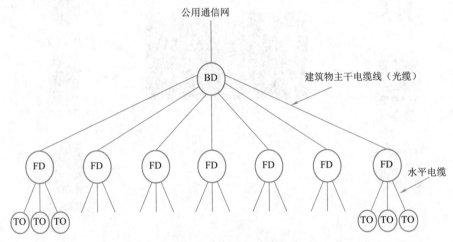

图 2-10 星状网络结构

(2)树状(多级星状)网络结构

这种形式以某个建筑群配线架(CD)为中心,以若干建筑物配线架(MD)为中间层,相应的有下层的楼层配线架和水平子系统,构成树状网络拓扑结构,如图 2-11 所示。这种形式在由多幢智能建筑物组成的智能小区常使用,其综合布线系统的建设规模较大,网络结构也较复杂。设计时还要考虑适当对等均衡的网络流量分配。

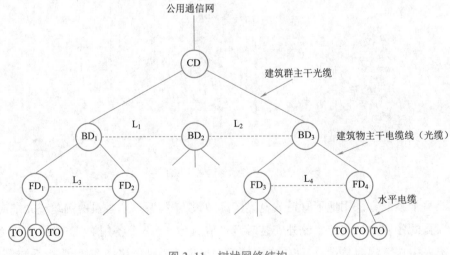

图 2-11 树状网络结构

有时,为了使综合布线系统的网络结构具有更高的灵活性和可靠性,并适应今后多种应用系统的使用要求,允许可以在某些同级汇聚层次的配线架(如 BD 或 FD)之间增加直通连接额外放置一些连接用的线缆(电缆或光缆),构成有迂回路由的星状网络拓扑结构,如图 2-11 中虚线所示的 BD_1 与 BD_2 之间的 L_1,BD_2 与 BD_3 之间的 L_2,以及 FD_1 与 FD_2 之间的 L_3,FD_3 与 FD_4 之间的 L_4。

四、综合布线系统的设备配置

综合布线系统工程设备配置主要是指各种主配线架(建筑物配线架和建筑群配线架)楼层配线架、布线子系统、传输介质和通信引出端(即信息插座)、网络集线器、交换机等的实际配置需求。综合布线系统工程的设备配置是工程设计中的重要内容,下面加以简要讨论。设备配置是综合布线系统设计的重要内容,关系到整个网络和通信系统的投资和性能,设备配置首先要确定综合布线系统的结构,然后再对配线架、布线子系统、传输介质、信息插座和交换机等设备作实际的配置。

综合布线系统主干线路连接方式多采用星状网络拓扑结构,要求整个布线系统的主干电缆或光缆的交接次数一般不应超过两次,即从楼层配线架到建筑群配线架之间,只允许经过一次配线架,即建筑物配线架,成为 FD-BD-CD 的结构形式。这是采用两级干线系统(建筑物干线子系统和建筑群干线子系统)进行布线的情况。如没有建筑群配线架,只有一次交接,则成为 FD-BD 结构形式的一级建筑物主干布线子系统的布线。

建筑物配线架至每个楼层配线架的建筑物主干布线子系统的主干电缆或光缆一般采取独立供线各楼层的方式,在各个楼层之间无连接关系。这样当线路发生障碍时,影响范围较小,容易判断和检修,有利于安装。缺点是线路长度长且条数多,工程造价提高,安装敷设和维护的工作量增加。

综上所述,标准规范的设备配置,分为建筑物 FD-BD 一级干线布线系统结构和建筑群 FD-BI-CD 两级干线系统结构两种形式,但实际工程中,会根据管理要求、设备间和配线间的空间要求以及信息点分布等多种情况将建筑物综合布线系统进行灵活设备配置,形成一些变化,举例如下:

①建筑物标准 FD-BD 结构(见图 2-12):大楼设备间设置 BD,楼层配线间设置 FD 的结构。

②建筑物 FD/BD 结构:这种结构就是大楼没有楼层配线间,FD 和 BD 全部设置在大楼设备间。

适用于两种情况:第一,小型建筑物中信息点少,且 TO 至 BD 之间的电缆的最大长度不应超过 90 m,因此没必要一定要为每个楼层设置一个层;第二,当建筑物规模不大,但信息点很多时,TO 至 BD 之间电缆的最大长度应不超过 90 m 时,为便于维护管理和减少对空间占用的目的采用这种结构。如学校或工厂、单位集体宿舍楼综合布线系统,每层楼信息点较多,如使用一个房间作为每个楼层配线间使用,不够经济。宿舍一般都没有吊顶安装且楼层高度不超过 3 m,在公共走廊吊装挂墙式机柜,既不安全,又不便管理。因此,许多宿舍楼综合布线系统采用图 2-12 或图 2-13 结构。

③建筑物 FD-BD 公用楼层配线间结构(见图 2-12～图 2-14)：能建筑的楼层面积不大,用户信息点数量不多时,为了简化网络结构和减少接续设备,可以采取每相邻几个楼层共用一个楼层配线架(FD),由中间楼层的 FD 分别与相邻楼层的通信引出端(TO)连接方法。但是要满足 TO 至 FD 之间的水平缆线的最大长度不应超过 90 m 的标准传输通道限制。

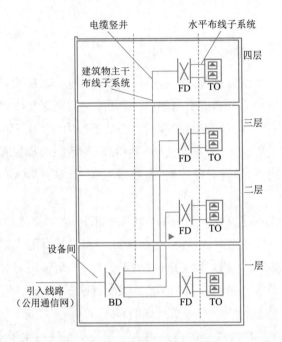

图 2-12　建筑物 FD-BD 结构

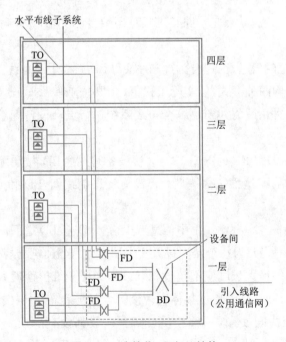

图 2-13　建筑物 FD/BD 结构

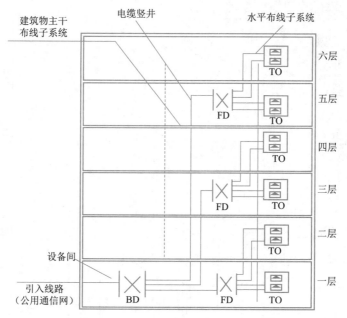

图 2-14　公用楼层配线间结构

④综合建筑物 FD-BD-CD 结构(见图 2-15)：当建筑物是主楼带附楼结构,楼层面积较大,用户信息点数量较多时,可将整幢智能建筑进行分区,各个分区视为多幢智能建筑群。在智能建筑的中心位置设置建筑配线架,在各个分区适当位置设置建筑物配线架。

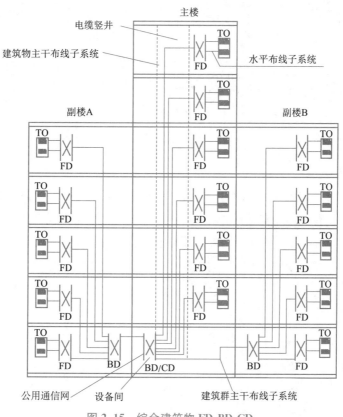

图 2-15　综合建筑物 FD-BD-CD

⑤建筑群 FD-BD-CD 结构,如图 2-16 所示。

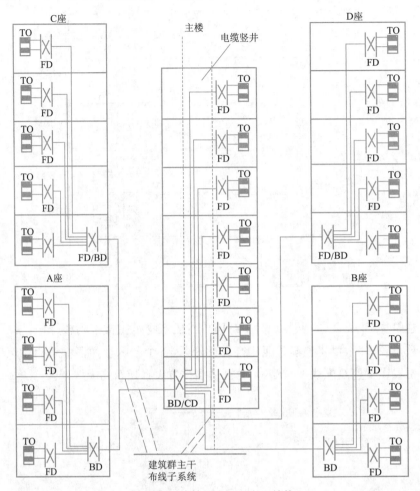

图 2-16　建筑群 FD-BD-CD 结构

五、布线系统接口

1.综合布线接口

在综合布线系统的设备间、配线间和工作区,各布线子系统两端端部都有相应的接口,用以连接相关设备。其连接有互连和交接两种方式,各配线架和信息插座处可能具有的接口如图 2-17所示。布线系统的主配线架上有接口与外部业务电缆、光缆相连,提供数据或语音通信。

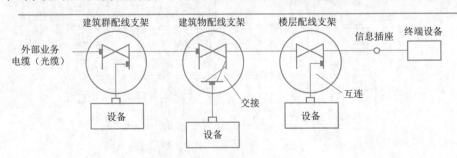

图 2-17　综合布线接口

外部业务引入点到建筑物配线架的距离与设备间或用户程控交换机放置的位置有关。在应用系统设计时宜将这段电缆、光缆的特性考虑在内。

2.公用网接口

为使用公用电信业务,综合布线应与公用网接口相连接。公用网接口的设备及其放置的位置应由有关主管部门确认。如果公用数据网的接口未直接连到综合布线的接口,则在设计时应把这段中继线的性能考虑在内。

程控用户交换机或远端模块与公用数据网的接口,以及帧中继(DDN)专线、综合业务数字网(ISDN)或分组交换与公用网的接口应符合有关标准的规定。

六、具体配置

1.子系统线缆长度

ISO/IEC 11801:2002 与 ANSI/TIA/EIA-568-A 对线缆布线距离做出了规定,如表 2-3 所示。

表 2-3　ISO/IEC 11801:2002 与 ANSI/TIA/EIA-568-A 对线缆布线距离的规定

安装距离	ISO/IEC 11801:2002	ANSI/TIA/EIA-568-A
3 类[建筑(内)主干]	500 m 语音	500 m 语音
	90 m 数据	90 m 数据
4 类[建筑(内)主干]	500 m 语音	50.0 m 语音
	140 m 数据	90 m 数据
5 类[建筑(内)主干]	500 m 语音	500 m 语音
	90 m 数据	90 m 数据
STP-A[建筑(内)主干]	140 m 数据	90 m 数据
光纤[建筑(内)主干]	500 m 数据	500 m 数据
多模光纤[建筑群(间)主干距离]	1 500 m 数据	1 500 m 数据
单模光纤[建筑群(间)主干距离]	2 500 m 数据	2 500 m 数据

①数据线路水平子系统和干线子系统的电缆、光缆最大长度如图 2-18 所示。

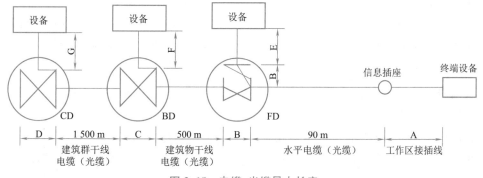

图 2-18　电缆、光缆最大长度

注意:

· A+B+E≤10 m 水平子系统中工作区电缆(光缆)、设备线缆和接插线或跳线的总长度。

- C＋D≤20 m 建筑物配线架或建筑群配线架上的接插线或跳线长度。
- F＋G≤30 m 在建筑物配线架或建筑群配线架上的设备电缆（光缆）长度。
- 接插线应符合设计指标的有关要求。建筑群干线光缆是指多模光缆的长度。

②综合布线用的电缆、光缆应符合有关产品标准的要求，布线用连接件除应符合各自的产品标准外，还应使构成的通道符合设计指标的有关要求。

③工作区光缆、设备光缆的传输特性应符合水平光缆的传输特性，接插线、设备电缆、工作区电缆应符合设计指标的有关要求，这些电缆的衰减允许比水平电缆的衰减大 50%。

④在同一个通道中使用不同类别器件时，该通道的传输性能由最低类别的器件决定。

⑤在一个通道中，不应混用标称特性阻抗不同的电缆，也不能混用芯径不同的光纤，电缆不应有桥接抽头。特定条件下（如环境条件、保密等原因）在水平子系统中应考虑使用光缆。

2. 配线架

通常，建筑物的每层楼设一个楼层配线架。当楼层的面积超过 1 000 m² 时，可增加配线架。当某层楼的信息插座很少时（如大厅内），可不单独设置楼层配线架，由其他楼层配线架提供。

3. 信息插座

每个工作区宜设两个或两个以上信息插座，若需要提高综合布线的灵活性时，可增加工作区内信息插座的个数。

信息插座可安装在工作区的墙壁、地板或其他地方，其安装位置要便于使用。信息插座可单个安装或成组安装。有多个较小的工作区同在一个较大房间内时，允许将这些工作区的信息插座安装在一起。

每个工作区至少有一个信息插座应连接 100 Ω 平衡电缆，另一个信息插座可连接平衡电缆或光缆。每个信息插座可连接 4 对或 2 对平衡电缆。所接平衡电缆为 4 对线时，具有较大的通用性。所接平衡电缆为 2 对线时，其线对的连接位置可能会与某些应用系统的实际使用线对不一致，可能影响布线的通用性，在工程设计时，一般不宜采用。

每个信息插座都要有明显的永久性标牌，其线对分配及以后的所有变化都应详细记录。信息插座所接的电缆少于 4 对线时，应专门加以标记。

对某些需要使用平衡/非平衡转换器和阻抗匹配器等器件的应用系统，应将这类器件放在信息插座之外。在信息插座之外，还允许使用带分支的接插线进行线对的再分配。

4. 配线间和设备间

配线间内安装有配线架、必要的有源部件和设备并提供相应的条件。配线间宜尽量靠近建筑物弱电间的电缆孔、电缆井或管道等。

设备间是在建筑物内放置电信设备和应用设备的地方，设备间内也可以安装配线架。设备间的面积通常应大于配线间的面积，设计设备间时应考虑到电信设备和应用设备的特点及使用要求。

5. 引入设备

建筑群干线电缆、干线光缆以及公用网的电缆、光缆（包括天线馈线）进入建筑物时，都应引入保护设备或装置。这些电缆、光缆在引入保护设备或装置后,转换为室内的电缆、光缆。引入设备的设计与施工应符合邮电、建筑等部门的有关标准。

6. 电磁兼容性

电磁兼容性是指设备或系统在其电磁环境中符合要求运行并不对其环境中的任何设备产生无法忍受的电磁干扰的能力。国家军用标准 GJB 72A—2002 定义电磁兼容为:设备(分系统、系统)在共同的电磁环境中能执行各自功能的共存状态。从电磁兼容的观点出发,除了要求设备能按设计要求完成其功能外还有两点要求:有一定的抗干扰能力和不产生超过限度的电磁干扰。

综合布线系统本身为无源系统,不能单独进行电磁兼容性试验。对于特定的应用系统,应符合 GB 9254—2008《信息技术设备的无线电骚扰限值和测量方法》、GB/T 17618—2015《信息技术设备抗扰度限值和测量方法》及有关的规定。

平衡电缆布线与附近可能产生高电平电磁干扰的电气设备(如电动机、电力变压器、复印机等)之间,应保持必要的间距。当布线区域存在严重的电磁干扰影响时,宜采用光缆进行布线;当用户对电磁兼容性有较高要求时,除可采用光缆进行布线,也可采用带屏蔽的平衡电缆进行布线。

7. 接地及其连接

接地及其连接应符合国家标准 GB/T 2887—2011《计算机场地通用规范》的要求。在应用系统有特殊要求时,还应符合有关设备生产厂商的要求。

任务小结

综合布线系统设计依据的标准主要有我国国家标准和国际标准两种,这些标准在更新与变化中越来越趋于一致。

综合布线系统的设计是通过对建筑物结构、系统、服务与管理四个要素的合理优化,整个系统设计成一个功能明确、投资合理、应用高效、扩容使用方便的综合布线系统,其应遵循兼容性、灵活性、可靠性、先进性、用户至上的原则。

综合布线系统是一个开放式的结构,一般采用分层星状结构,其分为工作区子系统、水平子系统、干线子系统、管理间子系统、设备间子系统以及建筑群子系统。

综合布线系统工程设备配置主要是指各种主配线架(建筑物配线架和建筑群配线架)楼层配线架、布线子系统、传输介质和通信引出端(即信息插座)、网络集线器、交换机等的实际配置需求。

任务二 综合布线系统的设计过程

任务描述

本任务详细介绍综合布线系统各子系统的构成以及设计原则与注意事项。

任务目标

①熟悉综合布线系统的设计过程。

②掌握工作区子系统的设计规范与要求,包括适配器的选用原则、设计要点、信息插座的安装、跳线软线要求和用电配置要求。

③掌握水平子系统的设计规范与要求,包括设计要领、管槽路由设计、地板下敷设缆线的方式和大开间办公环境水平布线的方法。

④掌握干线子系统的设计规范与要求,包括线缆类型选型、布线距离、结合方法和布线路由。

⑤掌握管理间子系统的设计与要求,包括设计要领、标识管理和连接件管理。

⑥掌握设备间子系统的基本要求以及线缆敷设方式。

⑦掌握建筑群子系统设计特点,建筑群布线子系统工程设计的要求和步骤,以及管槽路由的设计。

任务实施

一、工作区子系统的设计规范与要求

在综合布线中,所谓工作区就是一个独立的需要设置终端设备的区域。工作区是指办公室、写字间、工作间和机房等需用通信、计算机等终端设施的区域。工作区终端包括电话、计算机等设备。工作区由终端设备及其连接到水平子系统信息插座的跳接线(或软线)等组成。

工作区的终端设备通常可用跳接线直接与工作区的信息插座相连接,但当信息插座与终端连接电缆不匹配时,需要选择适当的适配器或平衡/非平衡转换器进行转换,才能连接到信息插座上。信息插座是属于水平子系统的连接件,由于它位于工作区,所以也放在工作区里讨论它的设计要求,对工作区中的信息插座、跳接线和适配器(选用)都有具体的要求。

1. **工作区适配器的选用原则**

①在设备连接器处采用不同信息插座的连接器时,可以用专用接插电缆或适配器。

②当在单一信息插座上进行两项服务时,应用"Y"型适配器。

③在水平子系统中选用的电缆类别不同于设备所需的电缆类别时,应采用适配器。

④在连接使用不同信号的数模转换或数据速率转换等相应的装置时,应采用适配器。

⑤为了网络的兼容性,可采用协议转换适配器。

⑥根据工作区内不同的应用终端设备(如 ISDN 终端),可配备相应的终端适配器。

2. **工作区设计要点**

①工作区内线槽的敷设要合理、美观。

②信息插座设计在距离地面 30 cm 以上。

③信息插座与计算机设备的距离保持范围在 5 m 内。

④网卡接口类型要与线缆接口类型保持一致。

⑤所有工作区所需的信息模块、信息插座、面板的数量要准确。

工作区设计时，具体操作可按以下 3 步进行：

①根据楼层平面图计算每层楼布线面积。

②估算信息引出插座数量。

③确定信息引出插座的类型。

3. 工作区信息插座的安装

工作区信息插座的安装应符合下列要求：

①根据楼层平面计算每层楼的布线面积，确定信息插座安装位置，安装在地面上的信息插座应采用防水和抗压的接线盒；安装在墙面或柱上信息插座底部离地面高度为 300 mm。

②根据设计等级，估算信息插座数量。基本型设计，每 10 m² 一个信息插座；增强型或综合型设计，每 10 m² 两个信息插座。

③信息模块类型和数量。信息模块类型有多种多样，安装方式也各不相同，要根据应用系统的具体情况选定信息模块的类型和确定信息插座的数量。3 类信息模块支持 16 Mbit/s 信息传输，适合语音应用；超 5 类信息模块支持 1 000 Mbit/s 信息传输，适合语音、数据和视频应用；6 类信息模块支持 1 000 Mbit/s 信息传输，适合语音、数据和视频应用；光纤插座模块支持 1 000 Mbit/s 以上信息传输，适合语音、数据和视频应用。

信息模块的需求量一般为：

$$m = n + n \times 3\%$$

其中，m 为信息模块的总需求量；n 为信息点的总量；$n \times 3\%$ 为余量。

4. 跳接软线要求

①工作区连接信息插座和计算机间的跳接软线应小于 5 m。

②跳接软线可订购或现场压接。一条链路需要两条跳线，一条从配线架跳接到交换设备，一条从信息插座连到计算机设备。

③现场压接跳线 RJ-45 插头所需的数量一般用下述方式计算：

$$m = n \times 4 + n \times 4 \times 15\%$$

其中，m 为 RJ-45 的总需求量；n 为信息点的总量；$n \times 4 \times 15\%$ 为留有的富余量。

5. 用电配置要求

工作区子系统设计时，同时要考虑终端设备的用电需求。每组信息插座附近宜配备 220 V 电源三孔插座，为设备供电，其间距不小于 10 cm。暗装信息插座（RJ-45）与其旁边电源插座应保持 20 cm 距离，且保证地线与零线严格分开，如图 2-19 所示。

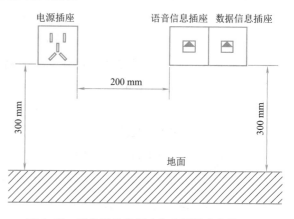

图 2-19　工作区信息插座与电源插座布局图

二、水平子系统的设计规范与要求

水平子系统由楼层配线架至信息插座的线缆和工作区的信息插座等组成,其布线路由遍及整个智能建筑,与每个房间和管槽系统相关,是综合布线工程中工程量最大的系统。水平子系统的设计涉及水平布线系统的网络拓扑结构、布线路由、管槽断、线缆类型选择、线缆长度确定、线缆布放、设备配置等内容。它们既相对独立又密切相关,在设计中要考虑相互间的配合。

1. 水平子系统设计要领

(1)设计原则

①根据工程提出的近期和远期的终端设备要求。

②每层需要安装的信息插座的数量及其位置。

③终端将来可能产生移动、修改和重新安排的预测情况。

④一次性建设或分期建设的方案。

(2)设计内容

①布线路由设计。

②管槽设计。

③电缆类型选型、布线长度计算。

④管槽、线缆和其他布线材料预算。

(3)强电与弱电电缆技术要求

水平电缆是从楼层管理间布放到工作区,其布线路由上可能存在与电源电缆并行的问题,为了减少 EMI(电磁干扰)对通信电缆的干扰,同时也减少通信电缆的 EMI 对外界电子设备的干扰,当水平布线通道内同时安装电信电缆和电源电缆时,电缆敷设要符合以下要求:

①屏蔽的电源电缆与电信电缆并线时不需要分隔。

②可以用电源管道(金属或非金属)来分隔通信电缆与电源电缆。

③对非屏蔽的电源电缆,最小距离为 10 cm。

④在工作区的信息插座,电信电缆与电源电缆的距离最小应为 6 cm。

(4)网络拓扑结构

水平布线子系统的网络拓扑结构通常为星状结构,它以楼层配线架(FD)为主节点,各工作区信息插座为分节点,二者之间采用独立的线路相互连接,形成以 FD 为中心向工作区信息点辐射的星状网络。通常用双绞线敷设水平布线系统,此时水平布线子系统的最大长度为 90 m。这种结构的线长较短,工程造价低,维护方便,又可保障通信质量。

(5)水平子系统的线缆类型

选择水平子系统的线缆,要依据建筑物信息的类型、容量、带宽或传输速率来确定。一般来说,双绞线电缆即可满足要求,但当传输带宽要求较高时,管理间到工作区超过 90 m 时可选择光纤作为传输介质。

水平子系统中推荐采用的线缆型号为:

①100 Ω 双绞电缆。

②50/125 μm 多模光纤。

③62.5/125 μm 多模光纤。

④8.3/125 μm 单模光纤。

在水平子系统中,也可以使用混合电缆。在选用双绞电缆时,根据需要可选用非屏蔽双绞电缆或屏蔽双绞电缆。在一些特殊应用场合,可选用阻燃、低烟、无毒等线缆。

(6)水平子系统布线距离

水平线缆是指从楼层配线架到信息插座间的固定布线,一般采用 100 Ω 双绞电缆,水平电缆最大长度为 90 m,配线架跳接至交换设备、信息模块跳接至计算机的跳线总长度不超过 10 m,通信通道总长度不超过 100 m。在信息点比较集中的区域,如一些较大的房间,可以在楼层配线架与信息插座之间设置转接点(TP,最多转接一次),这种转接点到楼层配线架的电缆长度不能过短(至少 15 m),但整个水平电缆最长 90 m 的传输特性应保持不变。

(7)电缆长度估算

①确定布线方法和走向。

②确立每个楼层配线间或二级交接间所要服务的区域。

③确认离楼层配线间距离最远的信息插座(I/O)位置。

④确认离楼层配线间距离最近的信息插座(I/O)位置。

⑤用平均电缆长度估算每根电缆长度。

⑥平均电缆长度=(信息插座至配线间的最远距离+信息插座至配线间的最近距离)/2。

⑦总电缆长度=平均电缆长度+备用部分×(平均电缆长度的10%)+端接容差 6 m(变量)。

每个楼层用线量(m)的计算公式如下:

$$C=[0.55×(L-S)+6]×n$$

其中,C 为每个楼层的用线量;L 为服务区域内信息插座至配线间的最远距离;S 为服务区域内信息插座至配线间的最近距离;n 为每层楼的信息插座(I/O)的数量。

整座楼的用线量:$W=\sum MC$(M 为楼层数)

⑧电缆订购数按 4 对双绞电缆包装标准,1 箱线长=305 m。

电缆订购数=$W/305$(箱)(按整数计)

2. 水平子系统管槽路由设计

布线工程施工的对象有新、旧建筑(扩建、改建),有办公楼、客房、写字楼、教学楼、住宅楼和学生宿舍等,有钢筋混凝土结构与砖混结构等不同的建筑结构。因此,设计管槽路由时要根据建筑物的使用用途和结构特点,从布线规范、便于施工、路由最短、工程造价、隐蔽、美观和扩充方便等方面考虑。在设计中,往往会存在一些矛盾,对于结构复杂的建筑物一般都设计多种方案,通过对比分析,选取较佳方案。

当前综合布线工程中,有 4 种基本的路由设计方法。

(1)天花板吊顶内敷设线缆方式

此方法有分区法、内部布线法和电缆槽道布线法 3 种。这 3 种方法都要求有一定的操作空间,以利于施工与维护,并在天花板(或吊顶)适当地方设置检查口,以便维护检修。

分区法:将天花板内的空间分成若干个小区,敷设大容量电缆。从楼层配线间利用管道穿放或直接敷设到每个分区中心,由小区的分区中心分出缆线经过墙壁或立柱引向信息插座,也可在中心设置适配器,将大容量电缆分成若干根小电缆再到信息插座。这种方法配线容量大、经济实用、工程造价低、灵活性强,能适应今后变化,但线缆在穿管敷设会受到限制,施工不太方便。

内部布线法:从楼层配线间将电缆直接敷设到信息插座,灵活性最大,不受其他因素限制,经济实用,不用其他设施,且电缆独立敷设传输信号不会互相干扰,但需要的线缆条数较多,初次投资比分区法大。

电缆槽道布线法:线槽可选用金属线槽,也可采阻燃高强度 PVC 槽,通常安装在吊顶内或悬挂在天花板上,用在大型建筑物或布线比较复杂而需要有额外支持物的场合,用横梁式线槽将线缆引向所要布线的区域。由配线间出来的线缆先走吊顶内的线槽,到各房间后,经分支线槽从横梁式电缆管道分叉后将电缆穿过一段支管引向墙柱或墙壁,沿墙而下到本层的信息出口,或沿墙而上引到上一层墙上的暗装信息出口,最后端接在用户的信息插座上,如图 2-20 所示。

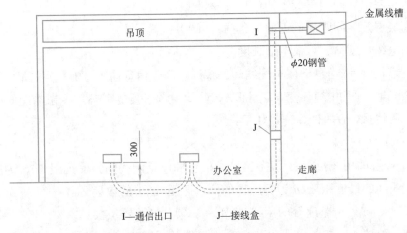

I—通信出口　　　J—接线盒

图 2-20　先沿走廊吊顶槽道再沿线管至信息出口

线槽的容量可按照线槽的外径来确定,即线槽的横截面积等于线缆截面积之和的 3 倍。线槽应放在走廊的吊顶内,去各房间的支管应适当集中至检修孔附近,以便日后维护。通常吊顶工作在整个工程的后期,所以集中布线施工要在走廊吊顶前进行即可。这样,不仅减少布线工时,还利于已穿线缆的保护,不影响室内装修。电缆槽道布线法对缆线路由有一定限制,灵活性较差,安装施工费用较高,技术较复杂。

(2)地面槽管方式

地面线槽方式(见图 2-21)是由配线间出来的线缆走地面线槽到地面出线盒或由分线盒出来的支管到墙壁上的信息出口。由于地面出线盒或分线盒不依赖墙体或柱体,而是直接走地面垫层,因此这种方式适用于大开间或需要打隔断的场地。

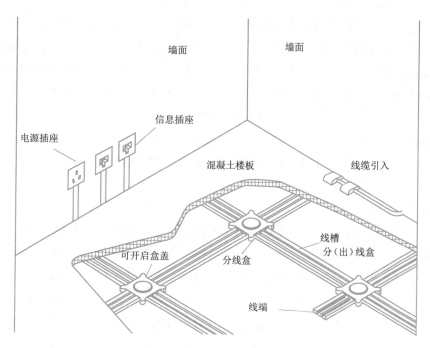

图 2-21   地面线槽布线法

地面线槽采用金属线槽,将长方形的线槽打在地面垫层中,每隔 4~8 m 设置一个过线盒或出线盒(在支路上出线盒也起分线盒的作用),到达信息出口的接线盒。70 型线槽外形尺寸为 70 mm×25 mm(宽×厚),有效截面积为 1 470 mm²,占空比取 30%,可穿 24 根水平线缆(3 类、6 类混用);50 型外形尺寸为 50 mm×25 mm,有效截面积为 960 mm²,可穿 15 根水平线缆。分线盒与过线盒有两槽和三槽两种,均为正方形,每面可接两根或三根地面线槽。因正方形有四面,分线盒与过线盒均有将两三个分路汇成一个主路的功能或起到 90°转弯的功能。四槽以上的分线盒可用两槽或三槽分线盒拼接。

地面线槽方式具有以下优点:

①用地面线槽方式,信息出口离弱电间的距离不限。地面线槽每隔 4~8 m 设置一个分线盒或出线盒,敷设线缆时拉线容易,距离不限。

②强、弱电可以同路由。强、弱电可以走同路由相邻的地面线槽,而且可接到同一出线盒内的各自插座,此时地面线槽必须接地屏蔽。

③适用于大开间或需要后打隔断的场地。大厅面积大,计算机离墙较远,用较长的线接墙上的网络出口及电源插座显然不合适,这时用地面线槽在附近留一个出线盒,根据办公设备的需要来确定位置。

地面线槽方式的缺点如下:

①线槽做在地面垫层中,至少需要 6.5 cm 以上的垫层厚度,这对尽量减小挡板及垫层厚度不利。

②地面线槽由于做在地面垫层中,如果楼板较薄,有可能在装潢吊顶过程中被吊杆打中,影响使用和受损。

③不适合楼层中信息点特别多的场合。如果一楼层中有 500 个信息点,按 70 型线槽穿 25 根线算,需 20 根 70 型线槽,线槽之间有一定空隙,每根线槽大约占 10 cm 宽度,20 根线槽就要占 2 m 的宽度,除门可走 6～10 根线槽外,还需开 1～1.4 m 的洞,但因弱电间的墙一般是承重墙,开这样大的洞是不允许的。另外,地面线槽过多,被吊杆打中的机会增大。因此,建议超过 300 个信息点的场合,应同时用地面线槽与吊顶内线槽两种方式。

④不适合石质地面,地面线槽的路由应避免经过石质地面或不在其上放出线盒与分线盒。

⑤为了美观,地面出线盒的盒盖应为铜质,其价格为吊顶内线槽方式的 3～5 倍。地面线槽方式多用于高档会议室等处。

(3)走廊槽式桥架方式

对既没有天花板吊顶又没有预埋管槽的建筑物,水平布线通常采用走廊槽式桥架和墙面线槽相结合的方式来设计布线路由。当布放的线缆较多时走廊用槽式桥架,进入房间后采用墙面线槽;当布放的线缆较小,从管理间到工作区信息插座布线时也可全部采用墙面线槽方式。

槽式桥架就是将线槽用吊杆或托臂架支撑安置在走廊上方等处。金属线槽由钢、铝、不锈钢等材料制成,一般多采用镀锌和镀彩金属线槽,镀彩线槽抗氧化性能好,镀锌线槽相对便宜。其规格有 50×25、100×50、200×100 等型号,厚度有 0.8 mm、1 mm、1.2 mm、1.5 mm、2 mm 等规格,槽径越大,要求厚度越厚。也可定做特型线槽,当线缆较少时可采用高强度 PVC 线槽。槽式桥架设计施工方便,最大缺点是线槽明铺,影响外观。

(4)墙面线槽方式

如图 2-22 所示,墙面线槽方案适用于无天花板吊顶、无预埋管槽的水平布线。墙面线槽的规格有 20×10、40×20、60×30、100×30 等型号,根据线缆的多少选用。该方式主要用于室内布线,楼层信息点较少时也用于走廊布线,与槽式桥架方式一样,墙面线槽安装施工方便。

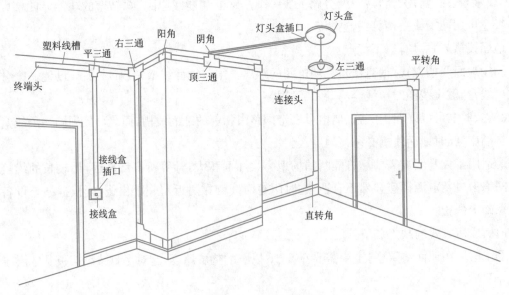

图 2-22 墙面线槽方式

3.地板下敷设缆线的方式

地板下敷设缆线的方法在智能建筑中广泛使用,尤其是新建和扩建建筑更为适宜。由于缆线敷设在地板下面,既不影响美观,又无须考虑其荷重,施工安装和维护检修均方便。又因操作空间大,工作环境好,深受施工和维护人员欢迎。地板下的布线方式主要有地面线槽布线法、蜂窝状地板布线法和高架地板布线法3种,直接埋管方式也属于地板下敷设缆线的方式。

(1)直接埋管方式

直接埋管方式和新建建筑物同时设计施工,这种方式由一系列密封在现浇混凝土里的金属布线管道组成。这些金属管道从配线间向信息插座的位置辐射。根据通信和电源布线要求、地板厚度和占用的地板空间等条件,这种直接埋管布线方式可能要采用厚壁镀锌管或薄型电线管。

这种方式在老式建筑的布线路由设计中使用普遍,当时主要是电话线缆,数据通信电缆较少,且各楼层工作区的语音点较少,一条管道可以穿多个工作区的电缆,出线盒既作为信息出口又作为过线盒,整个设计简单,安装、维护都比较方便,工程造价也低。对比较大的楼层可分为几个区域,每个区域设置一个小配线箱,先由楼层管理间直埋管径较大(如 ϕ40 mm)的钢管穿大对数电缆到各分区的小配线箱,然后再直埋管径较细(如 ϕ20 mm)的管子将电话线引到工作区的电话插座。

工作区的信息点越多,布线系统越接近楼层管理间,线道越多,线管通常是埋在走廊的垫层中形成排管,进入管理间,不宜采用直接埋管方式。

(2)蜂窝状地板布线法

地板结构较复杂,一般采用钢铁或混凝土制成构件,其中导管和布线槽均需要事先设计,一般用于电力、通信两个系统交替使用的场合,与地板下预埋管路布线方法相似,其容量大,适用于电缆条数较多场合,其工程造价较高,地板结构复杂,增加地板厚度和重量,与房屋建筑配合协调较多,用于不适应于铺设地毯的场合。

(3)高架地板布线法

高架地板布线法,如图 2-23 所示。高架地板为活动地板,由方块面板组成,每块面板均能活动,将其放置在钢支架上。高架地板布线法具有安装和检修缆线方便、布线灵活、适应性强、不受限制、操作空间大、布放线缆容量大、隐蔽性好、安全和美观等特点,但一次性工程投资大,并降低了房间净高度。

(4)其他布线方法

①护壁板管道布线法。

护壁板管道是沿建筑物护壁板敷设的金属管道,如图 2-24 所示。这种布线方法有利于布放电缆,通常用于墙上装有较多信息插座的楼层区域。电缆管道的前面盖板是活动的,可以移走。信息插座可装在沿管道的任何位置上,电力电缆和通信电缆必须用接地的金属隔板隔开,防止电磁干扰。

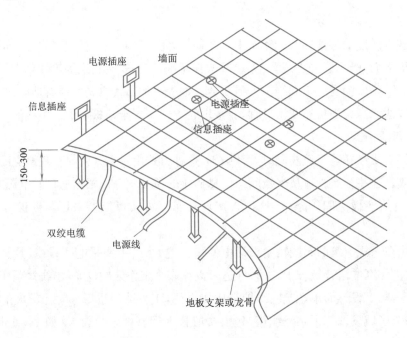

图 2-23　高架地板布线法

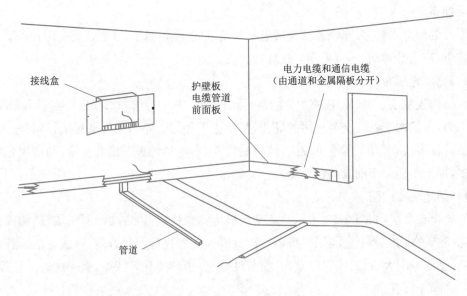

图 2-24　护壁板管道布线法

②地板导管布线法。

用这种布线法时,地板上的胶皮或金属导管可用来保护沿地板表面敷设的裸露线缆,如图 2-25所示。在这种方法中,电缆被装在这些导管内,导管又固定在地板上,而盖板紧固在导管基座上。地板导管布线法具有快速和容易安装的优点,适用于通行量不大的区域(如各个办公室)。一般不要在过道或主楼层区使用这种布线法。

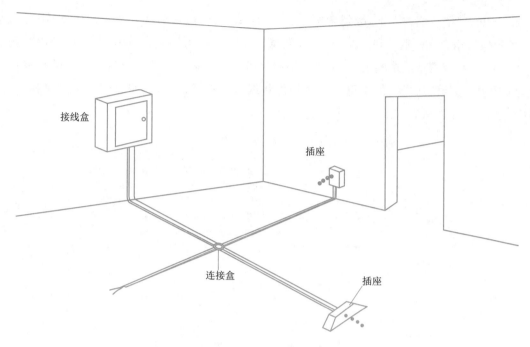

图 2-25　地板导管布线法

③模制管道布线法。

模制管道是一种金属模压件,固定在接近天花板与墙壁接合处的过道和房间的墙上,如图 2-26所示。管道可以把模压件连接到配线间。在模压件后面,小套管穿过墙壁,以便使小电缆通往房间;在室内,其他的模压件将连到插座的电缆隐蔽起来。

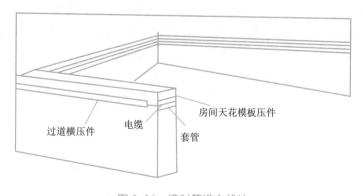

图 2-26　模制管道布线法

4. 大开间办公环境水平布线方法

为了节省办公空间,现代办公楼和写字楼大量采用大开间办公环境。由于房间面积较大,房间用办公用具或可移动的隔断代替建筑墙面构成分隔式的办公环境,分隔布局可根据需要变动。在这种情况下墙面和地面安装信息插座的方式就不能满足需求,于是推出多用户信息插座设计方案和转接点设计方案两种大开间办公环境水平布线方案。

(1)多用户信息插座设计方案

多用户信息插座设计方案就是将多个多种信息模块组合在一起,安装在吊顶内,然后用接插线沿隔断、墙壁或墙柱而下,接到终端设备上。例如:AVAYA 科技公司的 M106SMB 型就是 6 个信息模块组合在一起,可连接 6 台工作终端。水平布线可用混合电缆,放在吊顶内有规则的金属线槽内,线槽从配线间引出,走吊顶辐射到各个大开间。每个大开间再根据需求采用厚壁管或薄壁金属管,从房间的墙壁内或墙柱内将线缆引至接线盒,与组合式信息插座相连接。多用户信息插座连接方式如图 2-27 所示。

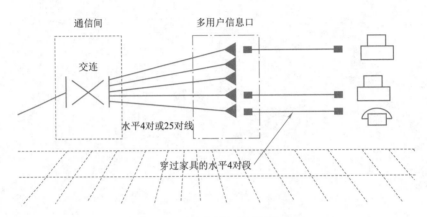

图 2-27 多用户信息插座连接方式

多用户信息插座为在一个用户组合空间中为多个用户提供单一工作区插座集合,接插线通过内部的槽道将设备直接连至多用户信息插座。多用户信息插座放置在立柱或墙面的永久性位置,并保证水平布线在用具重新组合时保持完整性,组合时只需重新配备接插线即可。

(2)转接点设计方案

转接点是水平布线中的一个互连点,它将水平布线延长至单独的工作区,是水平布线的一个逻辑转接点(从此处连接工作区终端电缆)。与多用户信息插座一样,转接点应安装在可接近且永久的地点,如建筑物内的柱子上或固定的墙上,尽量紧靠办公用具。在转接点和信息插座之间敷设很短的水平电缆,服务于专用区域。转接点可用模块化表面安装盒(6 口,12 口)、配线架(25 对,50 对)、区域布线盒(6 口)等。转接点和多用户信息插座的相似之处,也位于建筑槽道(来自配线间)和开放办公区的转接点。这个转接点的设置使得在办公区重组时能够减少对建筑槽道内电缆的破坏。设置转接点的目的是针对那些偶尔进行重组的场合,不像多用户信息插座所针对的是重组频繁的办公区,转接点应该容纳尽量多的工作区。

图 2-28 所示是直接用接插线将工作终端插入组合式插座的,是将工作终端经一次接插线转接后插入组合式插座的。

对于大厅的站点,可采用打地槽铺设厚壁镀铸管或薄壁电线管的方法将线缆引到地面接线盒。地面接线盒为钢制面铝座制成,直径为 10~12 cm,高为 5~8 cm。地面接线盒采用铜面铝座,高度可调,在地面浇灌混凝土时预埋。楼宇竣工后,可将信息插座安装在地面接线盒内,再把电缆从管内拉到地面接线盒,端接在信息插座上。需要使用信息插座时,只要将地面接线盒盖上小窗口向上翻,用接插线把工作终端连接到信息插座即可。平常小窗口向下,与地面平齐,保持地面平整。

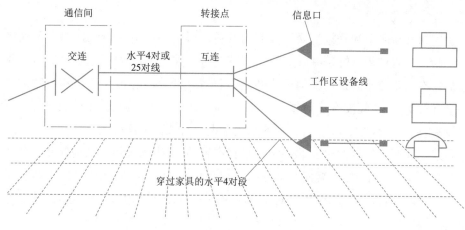

图 2-28　转接点连接方式

转接点和多用户信息插座水平布线部分的区别：大开间附加水平布线把水平布线划分为永久和可调整两部分。永久部分是配线线缆先从配线间到转接点，再从转接点到信息插座。当转接点变动时，配线布线部分也随之改变。多用户信息插座可直接端接一根 25 对双绞电缆，也可端接 12 芯光纤，当有变动时，不要改变水平布线部分。

在吊顶内设置转接点的方法如图 2-29 所示。集中点可用大对数线缆，距楼层配线间应大于 15 m，插座端口数不超过 12 个。

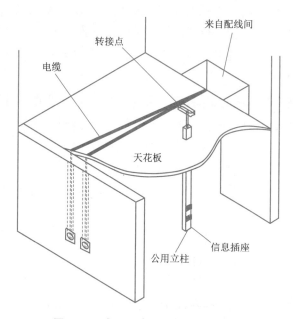

图 2-29　在吊顶内设置转接点的方法

三、干线子系统的设计规范与要求

干线子系统由建筑物设备间和楼层配线间之间的连接线缆组成，它是智能化建筑综合布线系统的中枢部分。干线子系统的设计主要确定垂直路由的多少和位置、垂直部分的建筑方式和干线系统的连接方式。

现代建筑物有封闭型和开放型两大类型的通道。封闭型通道是指一连串上下对齐的交接间,每层楼都有一间,利用电缆竖井、电缆孔、管道电缆、电缆桥架等穿过这些房间的地板层。每个空间通常还有一些便于固定电缆的设施和消防装置。开放型通道是指从建筑物的地下室到楼顶的一个开放空间,中间没有任何楼板隔开,如通风通道或电梯通道,不能敷设干线子系统电缆。对于没有垂直通道的老式建筑物,一般采用铺设垂直墙面大线槽的方式。

综合布线干线子系统的线缆并非一定是垂直布置的,从概念上讲它是建筑物内的干线通信线缆。在某些特定环境中,如低矮而又宽阔的单层平面大型厂房,干线子系统的线缆是平面布置的,同样起着连接各配线间的作用。对于 FD-BD 一级布线结构的布线来说,配线子系统和干线子系统为一体。

1. 干线子系统基本要求

在确定干线子系统所需要的电缆总对数之前,必须确定电缆语音和数据信号的共享原则。对于基本型每个工作区可选定 1 对,对于增强型每个工作区可选定 2 对双绞线,综合型每个工作区可在基本型和增强型的基础上增设光缆系统。

为便于综合布线的路由管理,干线电缆、干线光缆布线的交接不应多于两次,从楼层配线架到建筑群配线架间只应通过一个配线架,即建筑物配线架。当综合布线只用一级干线布线进行配线时,放置干线配线架的二级交接间可以并入楼层配线间。

干线电缆宜采用点对点端接,大楼与配线间的每根干线电缆直接延伸到指定的楼层配线间。也可采用分支递减端接,分支递减端接是有 1 根大对数干线电缆足以支持若干楼层的通信容量,经过电缆接头保护箱分出若干根小电缆,它们分别延伸到每个楼层,并端接于目的地的连接硬件。

主干路由应选在该管辖区域的中间,使楼层管路和水平布线的平均长度适中,有利于保证信息传输质量和减少宜选择带门的封闭型综合布线专用的通道敷设干线电缆,也可与弱电竖井合用。

缆线不应布放在电梯、供水、供气、供暖和强电等竖井中。

设备间连线设备的跳线应选用综合布线专用的插接软跳线,在电信应用时也可选用双芯跳线。

干线子系统垂直通道有电缆孔、管道、电缆竖井等 3 种方式可供选择,宜采用电缆竖井方式。水平通道可选择预埋暗管或电缆桥架方式。

2. 干线子系统线缆类型选择

可根据建筑物的楼层面积、建筑物的高度、建筑物的用途和信息点数量来选择干线子系统线缆类型。在干线子系统中可采用以下 4 种类型的线缆:100 Ω 双绞电缆、62.5/125 μm 多模光缆、50/125 μm 多模光缆和 8.3/125 μm 单模光缆。

在设计干线子系统时,应明确语音系统和数据系统的共享关系及能支持应用的最高速率,以确定线缆的传输速率和种类。当主干距离在 100 m 之内时宜采用超 5 类或 6 类双绞电缆,并根据应用环境可选用非屏蔽双绞电缆或屏蔽双绞电缆。综合电缆、混合电缆和多单元电缆也可以用于干线子系统。干线子系统中,数据系统应根据各层信息点数及楼宇用途等方面来确定主干线缆容量,即确定电缆对数或光缆纤芯数。语音系统宜采用大对数电缆,电缆总对数不应小于楼内信息点数的 75%。

3. 干线子系统的布线距离

无论是电缆还是光缆,干线子系统都受到最大布线距离的限制,即建筑群配线架(CD)到楼层配线架(FD)间的距离不应超过 2 km,建筑物配线架(BD)到楼层配线架(FD)的距离不应超过 500 m。通常将设备间的主配线架放在建筑物的中部附近使线缆的距离最短。当超出上述距离限制,可以分成几个区域布线,使每个区域满足规定的距离要求。水平子系统和干线子系统布线的距离与信息传输速率、信息编码技术以及选用的线缆和相关连接件有关。

根据使用介质和传输速率要求,布线距离还有以下情况的变化:采用单模光缆时,建筑群配线架到楼层配线架的最大距离可以延伸到 3 km;采用 6 类双绞电缆时,对传输速率超过 1 000 Mbit/s 的应用系统,布线距离不宜超过 90 m,否则宜选用单模或多模光缆;在建筑群配线架和建筑物配线架上,接插线和跳线长度不宜超过 20 m,超过 20 m 的长度应从允许的干线线缆最大长度中扣除;对于 62.5/125 μm 多模光纤,信息传输速率为 100 Mbit/s 时,传输距离为 2 km。这种光纤通道传输吉比特以太网(1000Base-SX)信息,采用 8B/10B 编码技术,并使用损耗最小的短波长(850 nm)激光收发机,传输距离约为 275 m。而对于 8.3/125 μm 单模光纤,当其通道传输吉比特以太网(1000Base-LX)信息,使用长波长(1 300 nm)激光收发机时,传输距离达到 3 km;采用 5 类双绞电缆和相关连接件构成的通道,信息传输速率为100 Mbit/s,传输距离为 100 m。这种通道传输吉比特以太网(1000Base-T)信息,采用先进的硅处理和信息处理技术,传输距离也能达到 100 m;将电信设备(如程控用户交换机)直接连接到建筑群配线架或建筑物配线架的设备电缆、设备光缆长度不宜超过 30 m。如果使用的设备电缆、设备光缆超过 30 m,干线电缆和干线光缆的长度要相应减少。

4. 干线子系统的接合方法

在确定主干线路连接方法时(包括楼层配线间与二级交接间连接),最重要的是要根据建筑物结构和用户要求,确定采用哪些接合方法。通常有两种接合方法可供选择。

(1)点对点端接法

点对点端接是最简单、最直接的接合方法,如图 2-30 所示。首先要选择 1 根双绞电缆或光缆,其数量(电缆对数、光纤根数)可以满足一个楼层的全部信息插座需要,而且这个楼层只需设一个配线间(即一个配线间或一个二级交接间兼具这两者的功能)。然后从设备间引出这根电缆,经过干线通道,端接于该楼层的一个指定配线间内的连接件。这根电缆的长度取决于它要连往哪个楼层以及端接的配线间与干线通道之间的距离。也就是说,电缆长度取决于该楼层离设备间的高度以及该楼层上的横向走线距离。在点对点端接方法中,大楼第四层的干线电缆肯定比第十层的干线电缆短很多。

选用点对点端接方法,可能引起干线中的各根电缆长度各不相同(每根电缆的长度要足以延伸到指定的楼层和配线间),而且粗细也可能不同。在设计阶段,电缆的材料清单应反映出这一情况。此外,要在施工图纸上详细说明哪根电缆接到哪一楼层的哪个配线间。

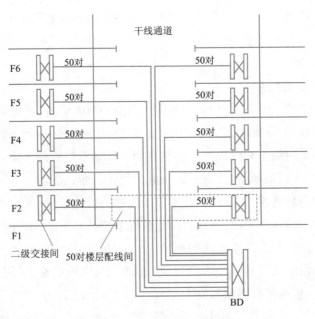

图 2-30　点对点端接法

点对点端接方法的主要优点是可以在干线中采用较小、较轻、较灵活的电缆,不必使用昂贵的绞接盒;缺点是穿过二级交接间的电缆数目较多。

(2)分支接合方法

所谓分支接合,就是干线中的一根多对电缆通过干线通道到达某个指定楼层,其容量足以支持该楼层所有配线间的信息插座需要,接着用一个适当大小的绞接盒把这根主电缆与粗细合适的若干根小电缆连接起来,后者分别连往各个二级交接间。典型的分支接合如图 2-31 所示。

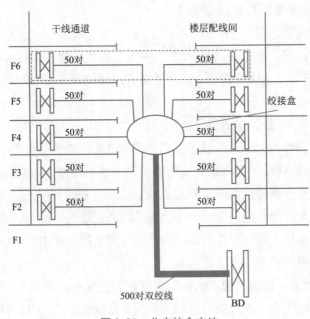

图 2-31　分支结合方法

分支接合方法的优点是干线中的主馈电缆总数较少,可以节省一些空间。在某些情况下,分支接合方法的成本低于点对点端接方法。对一座建筑物来说,这两种接合方法中究竟哪一种最适宜,通常要根据电缆成本和所需的工程费用来全盘考虑。如果设备间与计算机机房处于不同的地点,而且需要把语音电缆连至设备间,把数据电缆连至计算机机房,则可采取直接连接方法。

5.干线子系统的布线路由

建筑物垂直干线布线通道可采用电缆孔和电缆竖井两种方法。

(1)电缆孔法

干线通道中所用的电缆孔是很短的管道,通常是用一根或数根直径为 10 cm 的钢性金属管做成。它们嵌在混凝土地板中,这是在浇注混凝土地板时嵌入的,比地板表面高出 2.5~10 cm,也可直接在地板中预留一个大小适当的孔洞。电缆往往捆在钢绳上,而钢绳又固定到墙上已铆好的金属条上。当楼层配线间上下都对齐时,一般采用电缆孔方法,如图 2-32 所示。

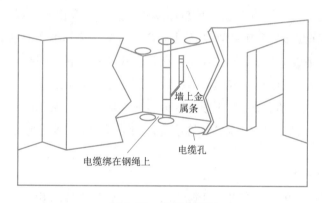

墙上金属条

电缆孔

电缆绑在钢绳上

图 2-32 电缆孔方法

(2)电缆井法

此法常用于干线通道,也就是常说的竖井。电缆井是指在每层楼板上开出一些方孔,使电缆可以穿过这些电缆井从这层楼伸到相邻的楼层,上下应对齐,如图 2-33 所示。电缆井的大小依所用电缆的数量而定,与电缆孔方法一样,电缆也是捆在或箍在支撑用的钢绳上,钢绳靠墙上的金属条或地板三角架固定。离电缆井很近墙上的立式金属架可以支撑很多电缆。电缆井可以让粗细不同的各种电缆以任何组合方式通过。电缆井虽然比电缆孔灵活,但在原有建筑物中开电缆井安装电缆造价较高,其另一缺点是不使用的电缆井很难防火。若在安装过程中没有采取措施去防止损坏楼板的支撑件,则楼板的结构完整性将受到破坏。

在多层楼房中,经常需要使用横向通道,干线电缆才能从设备间连接到干线通道,以及在各个楼层上从二级交接间连接到任何一个楼层配线间。横向线路需要寻找一条易于安装的方便通路,在水平干线、垂直干线子系统布线时,可考虑数据线、语音线以及其他弱电系统共槽问题。

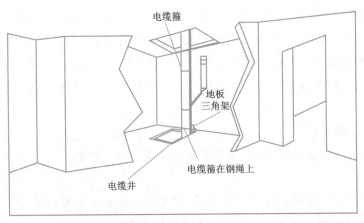

图 2-33　电缆井方法

四、管理间子系统的设计规范与要求

1. 管理子系统

管理子系统由交连/互连的配线架、信息插座式配线架以及由水平跳线连线（HC）、中间跳线连线（IC）、主跳线连线接（MC）和管理标识组成。它为连接其他子系统提供连接手段，连接手段包括交插连线和互接连线：交插连线用一条两端压接插头的接插线一端插在设备上，另一端插在配线架上；互接连线用 1 对或 2 对双绞线分别压接在两个配线架上。标识符通过标签用来识别每条线缆和连接件所在部位，用颜色区分各连接场。交连和互连允许将通信线路定位或重定位到建筑物的不同部分，以便能更容易地管理通信线路，管理子系统的工作区域分布在楼层配线间、设备间和工作区。

2. 管理子系统设计要求

根据信息点的分布、数量和管理方式确定楼层配线架的位置和数量，对于信息点不多，使用功能近似的楼层，为便于管理，可多个楼层共用一个楼层配线间，但 FD 的接线模块应有 10%～20%的余量，根据光缆的芯数、规格确定光纤终端盒的规格和形式，配线间的位置一般要求选在弱电井里或附近的房间。每座建筑至少有一个设备间，BD 数量根据信息点数量、主干线缆对数和外线接入线缆对数来确定，设备间内应留有一定的余量满足未来交换设备扩充的需要。

在配线架连接区域，可以用交连或互连方式调整或更改布线路由，对配线架上相对固定的线路，宜采用卡接式连接方法，对配线架上经要调整或重新组合的线路，宜采用快接式插线方法。

管理子系统中干线配线管理宜采用双点管理双交接，楼层配线管理宜采用单点管理。

管理内容包括交接管理、标识管理和连接件管理。

1）交接管理

交接管理是指线路的跳线连接控制，通过跳线连接可安排或重新安排线路路由，管理整个用户终端，从而实现综合布线系统的灵活性。交接管理有单点管理和双点管理两种类型。

（1）单点管理

单点管理属于集中型管理，即在网络系统中只有一个"点"可以进行线路跳线连接，其他连接点采用直接连接。例如：主配线设备使用跳线连接，而楼层配线架使用直接连接。

（2）双点管理

双点管理属于集中分散型管理，即在网络系统中只有两个"点"可以进行线路跳线连接，其他连接点采用直接连接。这是管理子系统普遍采用的方法，适用于大中型系统工程。例如：BD和FD采用跳线连接。

用于构造交接场硬件所处的地点、结构和类型决定综合布线系统的管理方式。交接场的结构取决于工作区、综合布线规模和选用的硬件。

根据管理方式和交连方式的不同，交接管理在建筑物中管理子系统常采用单点管理单交连、单点管理双交连、双点管理双交连、双点管理三交连和双点管理四交连等方式。

①单点管理单交连。单点管理单交连指位于设备间里面的交换设备或互连设备附近，通常线路不进行跳线管理，直接连至用户工作区。这种方式使用的场合较少，其结构如图 2-34 所示。

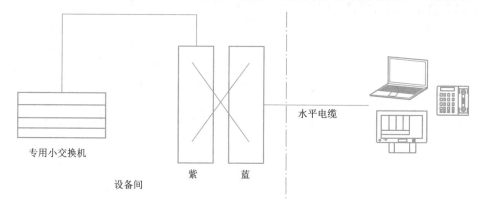

图 2-34　单点管理单交连

②单点管理双交连。管理子系统宜采用单点管理双交连。单点管理双交连指位于设备间里面的交换设备或互连设备附近，通过线路不进行跳线管理，直接连至配线间里面的第二个接线交接区。如果没有配线间，第二个交连可放在用户间的墙壁上，如图 2-35 所示。

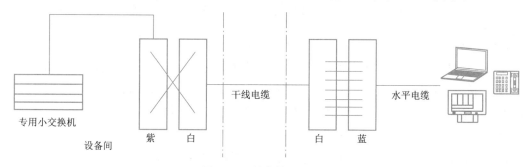

图 2-35　单点管理双交连

③双点管理双交连。对于低矮而又宽阔的建筑物（如机场、大型商场等），其管理规模较大，管理结构较复杂，这时多采用二级交接间，设置双点管理双交连。双点管理除了在设备间里有一个管理点之外，在配线间仍有一级管理交接（跳线）。

在二级交接间或用户房间的墙壁上还有第二个可管理的交连，双交接要经过二级交连设备。第二个交连可能是一个连接块，它对一个接线块或多个终端块（其配线场与专用小交换机干线电缆水平电缆站场各自独立)的配线和站场进行组合,如图 2-36 所示。

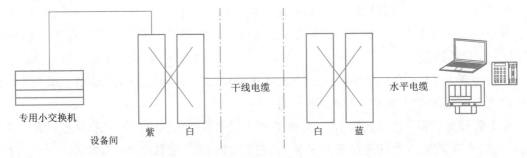

图 2-36　双点管理双交连

　　④双点管理三交连。若建筑物的规模比较大,而且结构复杂,还可以采用双点管理三交连(见图 2-37),甚至采用双点管理四交连方式。

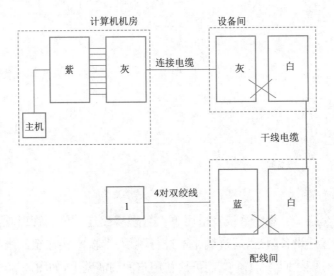

图 2-37　双点管理三交连

　　2)标识管理

　　标识管理是管理子系统综合布线的一个重要组成部分,完整的标识应提供以下信息:建筑物的名称、位置、区号和起始点。综合布线使用 3 种标识——电缆标识、场标识和插入标识,其中插入标识最常用。这些标识是硬纸片,通常由安装人员在需要时取下来使用。

　　(1)电缆标识

　　其由背面涂有不干胶的白色材料制成,可以直接贴到各种电缆表面上。尺寸和形状根据需要而定,在安装和做标识之前利用电缆标识来辨别电缆的源发地和目的地。

　　(2)场标识

　　它也是由背面为不干胶的材料制成,可贴在设备间、配线间、二级交接间、中继线/辅助和建筑物布线场地的平整表面上。

　　(3)插入标识

　　它是硬纸片,可插在 1.27 cm×20.32 cm 的透明塑料夹里,这些塑料夹位于 110 型接线块上的两个水平齿条之间。每个标识都用色标来指明电缆的源发地,这些电缆端接于设备间和配线间的管理场。插入标识所用的底色及其含义如下:

①在设备间。

蓝色:从设备间到工作区的信息插座(I/O)实现连接;

白色:干线电缆和建筑群电缆;

灰色:端接与连接干线到计算机房或其他设备间的电缆;

绿色:来自电信局的输入中继线;

紫色:来自 PBX 或数据交换机之类的公用系统设备连线;

黄色:交换机和其他各种引出线;

橙色:多路复用输入;

红色:关键电话系统;

棕色:建筑群干线电缆。

②在主接线间。

白色:来自设备间的干线电缆端接点;

蓝色:到配线接线间 I/O 服务的工作区线路;

灰色:到远程通信(卫星)接线间各区的连接电缆;

橙色:来自卫星接线间各区的连接电缆;

紫色:来自系统公用设备的线路。

(4)管理方案

在综合布线中,应用系统的变化会导致连接点经常移动或增加。没有标识或使用不恰当的标识,都会使最终用户不得不付出更高的维护费用来解决连接点的管理问题。

标识方案因具体应用系统的不同而有所不同,在大多数情况下,由用户的系统管理人员或通信管理人员提供标识方案的制定原则。但所有标识方案均应规定各种识别步骤,以便查清交接场的各种线路和设备端接点。为了有效地进行线路管理,方案必须作为技术文件存档。

物理件需要标识线缆、通道(线槽/管)、空间(设备间)、端接件和接地 5 部分。5 部分的标识相互联系互为补充,每种标识的方法及使用的材料又各有各的特点。像线缆的标识,要求在线缆的两端都进行标识,严格地讲,每隔一定距离都要进行标识以及在维修口、接合处、牵引盒处的电缆位置进行标识。空间的标识和接地标识要求清晰、醒目,一眼看到。

配线架和面板的标识除了清晰、简洁易懂外,还要美观。从材料上和应用的角度讲,线缆的标识,尤其是跳线的标识要求使用带有透明保护膜(带白色打印区域和透明尾部)的耐磨损、抗拉的标签材料,像乙烯基这种适合于包裹和伸展性的材料最好。这样线缆的弯曲变形以及经常的磨损才不会使标签脱落和字迹模糊不清。另外,套管和热缩套管也是线缆标签的很好选择。面板和配线架的标签要使用连续的标签,材料以聚酯的为好,可以满足外露的要求。由于各厂家的配线架规格不同,所留标识的宽度也不同,所以选择标签时,宽度和高度都要多加注意。

通常施工人员为保证线缆两端的正确端接,会在线缆上贴好标签。用户可通过每条线缆的唯一编码,在配线架和面板插座上识别线缆。由于用户每天都在使用布线系统,而且用户通常自己负责布线系统的维护,因此简单易识别的标识易被用户接受。一般标识使用简单字母和数字识别。现许多制造商在生产面板插座时印刷"电话""计算机""传真"等字样,但建议不在面板插座上使用这些图标。这样的标识,信息不完全,达不到管理目的,也使布线基础设施不再具有通用性。

应用系统管理人员还应当与应用技术人员或其他人密切合作,随时做好移动或重组的各种记录。而且标识要清晰,标签要耐腐蚀。ANSI/TIA/EIA-606《商业建筑物电信基础设施管理标准》中推荐了两种标签:一类是专用标签,另一类电缆标签是套管和热缩套管。

标签分为粘贴型、插入型和特殊型3种。粘贴型标签应满足 UL969 中所规定的清晰、耐磨损和附着力的要求,另外,还需满足 UL969 针对户外使用的一般外露要求。特殊型标签指用于特殊场合,像条形码、标识牌等。

(5)标签种类

①专用标签。专用标签可直接粘贴缠绵在线缆上。这类标签通常以耐用的化学材料作为基层而绝非纸质。

②套管和热缩套管。

套管类产品只能在布线工程完成前使用,因为需要从线缆的一端套入并调整到适当位置。如果为热缩套管还要使用加热枪使其收缩固定。套管线标的优势在于紧贴线缆,提供最大的绝缘和永久性。

3)连接件管理

由于主要的管理集中在楼层配线间,楼层配线间在 ANSI/TIA/EIA-568-A 中称为管理间,管理子系统称为管理间子系统。如果信息点多,要考虑一个房间来放置;若信息点少时,可选用墙上型机柜来处理该子系统。管理间一般有以下设备:机柜、交换机、信息点集线面板、语音点S110 集线面板和交换机整压电源线。

在管理间子系统中,数据信息点的线缆是通过配线架进行管理的,而语音点的线缆是通过110 交连硬件进行管理。

配线架有 12 口、24 口、48 口等,应根据信息点多少配备。下面介绍语音点 110 交连硬件。

110 型交连硬件是 AT&T 公司为接线间、干线接线间和设备的连线端接而选定的 PDS 标准,110 型交连硬件分 110A 和 110P 两大类。这两种硬件的电气功能完全相同,但其规模和所占用的墙空间或面板大小有所不同,每种硬件各有优点。110A 与 110P 管理的线路数据相同,但 110A 占有的空间只有 110P 或老式的 66 接线块结构的 1/3 左右,并且价格也较低。

110 型交连硬件基本部件是配线架、连接块、跳线和标签,110 型配线架是 110 型连接管理系统核心部分,110 配线架是阻燃、注模塑料做的基本器件,布线系统中的电缆线对就端接在其上。

110 型配线架有 25 对、50 对、100 对、300 对多种规格,它的套件还应包括 3 对连接块、4 对连接块或 5 对连接块、空白标签和标签夹、基座。110 型配线架系统使用方便的插拔式、快接式跳接,也可以简单进行回路的重新排列,这样就为非专业技术人员管理交叉连接系统提供了方便。

(1)110A 型配线架

110A 型配线架有若干引脚,俗称"带腿的 110 配线架"。110A 可以应用于所有场合,特别是大型电话应用场合,也可以应用在配线间接线空间有限的场合,在配线线路数目相同情况下,110A 占用的空间是 110P 的一半。110A 系统一般用 CCW-F 单连线进行跳线交连,而 CCW-F 跳线性能只达到 3 类,这限定了 110A 系统的性能,在使用 CCW 类跳动线时其水平只能达到 3 类。但如果使用 110A 快接式跳线,可以将性能提高到超 5 类或 6 类水平。110A 系统是 110 配线架系统中价格最低的组件。

(2)110P 型配线架

110P 型配线架硬件外观简洁,简单易用的插拔快接跳线代替了跨接线,因此对管理人员的技术水平要求不高。但是 110P 硬件不能重叠放在一起。尽管由于 110P 系统组件的价格高于 110A 系统,但是由于其管理简便,因此可以相应降低其成本。110P 配线架由 100 对配线架及相应的水平过线槽组成,并安装在一个背板支架上,110P 类型配线架有两种型号 300 对及 900 对。110P 由多 110DW 配线架及在 100DW 上的 110B3 过线槽组成,其底部是一个半密闭状的过线架。

110 系统中都用到了连接块,3 对(110C-3)、4 对(110C-4)和 5 对(110C-5)连接块包括一个单层、耐火、塑模密封器,内含熔锡快速线柱,它们穿过 22-26AWG 线缆上的绝缘层,接在连接块的认错座上。连接块的前面有彩色标识,可进行快速双绞线鉴别和连接。连接块固定在 110 型配线架上,而且在配线架上的电缆连接器和 CCW-F 跳线或 110 型快接式跳线之间提供了电气紧密连接。订购时,注意所有线对数必须是 10 的倍数,如需要 45 个端子,则需要订购 50 个端子。

连接块上彩色标识顺序为蓝、橙、绿、棕、灰,3 对连接块分别为蓝、橙、绿;4 对连接块为蓝、橙、绿、棕;5 对连接块为蓝、橙、绿、棕、灰。在 25 对的 110 配线架基座上安装时,应选择 5 个 4 对连接块和 1 个 5 对连接块,从左到右完成白区、红区、黑区、黄区和紫区的安装,这一点上与 25 对大对数电缆的安装遵从的色序是一致的。

五、设备间子系统的设计规范与要求

1.设备间基本要求

设备间是综合布线系统的关键部分,因为它是外界引入(包括公用通信网或建筑群体间主干布线)和楼内布线的交汇点,是进行综合布线及其他系统管理和维护的场所,因此,确定设备间的位置极为重要。此外,其工艺要求和内部布置也是设计中不容忽视的,在设计中一般考虑以下 6 点。

(1)设备间的位置

设备间的理想位置应设于建筑物综合布线系统主干线路的中间,通常放在一、二层,并尽量靠近通信线路引入房屋建筑的位置,以便与屋内外各种通信设备、网络接口及装置连接。通信线路的引入端和设备及网络接口的间距,一般不宜超过 15 m。此外,设备间的上面或附近不应有渗漏水源,不应存放易腐蚀、易燃、易爆物品,还要远离电磁干扰源。

设备间的位置应便于安装接地装置,根据房屋建筑的具体条件和通信网络的技术要求,按照接地标准选用切实有效的接地方式。

（2）设备间的大小

设备间的大小应根据智能化建筑的建设规模、采用的各种不同系统、安装设备的数量、网络结构要求以及今后发展需要等因素综合考虑。在设备间内应能安装所有设备,并有足够的施工和维护空间,其面积最低不应小于 10 m²。

（3）设备间环境要求

设备间是安装设备的专用房间,所装设备对于环境要求较高,因此,内部装修和安装工艺必须注意以下事项:

①设备间应有良好的气温条件,要求室温应保持在 10～27 ℃,相对湿度应保持在20%～80%。

②设备间应按防火标准安装相应的防火报警装置,使用防火防盗门;墙壁不允许采用易燃材料,应有至少能耐火 1 h 的防火墙;地面、楼板和天花板均应涂刷防火涂料,所有穿放缆线的管材、洞孔及线槽都应采用防火材料堵严密封。

③设备间装修标准应满足通信机房工艺要求,如采用活动地板时,应具抗静电性能。

④设备间内应防止有害气体侵入,并有良好的防尘措施。

（4）电源要求

在设备间内应有可靠的交流 50 Hz、220 V 电源,必要时可设置备用电源和不间断电源。如设备间内装有计算机主机时,应根据其需要配置电源设备。

（5）设备间结构

设备间必须保证其净高（吊顶到地板之间）不应小于 2.55 m（无障碍空间）,以便安装的设备进入。门的大小应能保证设备搬运和人员通行,要求门的高度应大于 2.1 m,门宽应大于0.9 m。地板的等效均布活荷载应大于 5 000 N/m²。

（6）设备间照明

设备间设计一般性照明,按照规定水平工作面距地面高度 0.8 m 处、垂直工作面距地面高度 1.4 m 处,被照面的最低照度标准应为 150 lx。

2. 设备间线缆敷设

（1）活动地板

活动地板一般在建筑建成后安装,一般用于电话交换机房、计算机主机房及设备间。其主要优点是:

①缆线敷设和拆除均简单方便,能适应线路增减变化,有较高的灵活性,便于维护管理。

②地板下空间大,电缆容量和条数多,路由自由短捷,节省电缆费用。

③不改变建筑结构。存在的缺点是造价较高,会减少房屋的净高,对地板表面材料在耐冲击性、耐火性、抗静电有一定要求。

（2）地板或墙壁内沟槽

沟槽方式因是在建筑中预先制成,因此在使用中会受到限制,缆线路由不能自由选择和变动,主要优点是:

①沟槽内部尺寸较大（但受墙壁或地板的建筑要求限制）能容纳缆线条数较多。

②便于施工和维护,也有利于扩建。

③造价较活动地板低。

（3）预埋管路

在建筑的墙壁或楼板内预埋管路,其管径和根数根据缆线需要来设计,预埋管路只适用于新建建筑,管路敷设段落必须根据缆线分布方案要求设计,预埋管路必须在建筑施工中建成。主要优点是:

①穿放缆线比较容易,维护、检修和扩建均有利。

②造价低廉,技术要求不高。

③不会影响房屋建筑结构。

六、建筑群子系统的设计规范与要求

建筑群子系统由多幢相邻或不相邻的房屋建筑组成的小区或园区的建筑物间的布线系统。一些兴起的智能化住宅小区也是由很多幢智能化建筑所组成,这些建筑物之间的联系或对外通信都采用综合布线系统。建筑群主干布线子系统是智能化建筑群体内的主干传输线路,也是综合布线系统的骨干部分。它的系统组织的好坏、工程质量的高低、技术性能的优劣都直接影响综合布线系统的服务效果,在设计中必须高度重视。

1. 建筑群子系统设计特点

建筑群主干布线子系统中建筑群配线架(CD)等设备装在屋内,而其他所有线路设施都设计在屋外,因此,受客观环境和建设条件影响较大。由于工程范围大、涉及面较宽,在设计和施工中须重视。由于建筑群子系统的线路设施主要在户外,且工程范围大,易受外界条件的影响,难于控制施工,因此和其他子系统相比,应注意协调各方关系。

由于综合布线系统大多数采用有线通信方式,一般通过建筑群主干布线子系统与公用通信网连成整体,从全程全网来看,也是公用通信网的组成部分,它们的使用性质和技术性能基本一致,其技术要求也是相同的。因此,要从保证全程全网的通信质量来考虑,不应只以局部的需要为基点,使全程全网的传输质量有所降低。

建筑群主干布线子系统的缆线是室外通信线路,通常建在城市市区道路两侧。其建设原则、网络分布、建筑方式、工艺要求以及与其他管线之间的配合协调,均与市区内的其他通信管线要求相同,必须按照本地区通信线路的有关规定办理。

建筑群主干布线子系统的缆线在校园式小区或智能化小区内敷设将成为公用管线设施时,其建设计划应纳入该小区的规划,具体分布应符合智能化小区的远期发展规划要求(包括总平面布置)。且与近期需要和现状相结合,尽量不与城市建设和有关部门的规定发生矛盾,使传输线路建设后能长期稳定、安全可靠地运行。

在已建或正在建的智能化小区内,如已有地下电缆管道或架空通信线杆路时,应尽量设法利用。与该设施的主管单位(包括公用通信网或用户自备设施的单位)进行协商,采取合用或租用等方式,以避免重复建设,节省工程投资,使小区内管线设施减少,有利于环境美观和小区布置。

2.建筑群布线子系统工程设计的要求和设计步骤

(1)建筑群布线子系统工程设计的要求

①建筑群主干布线子系统设计应注意所在地区的整体布局,对于各种管线设施都有严格规定,因此,要根据小区建设规划和传输线路分布,尽量采用地下化和隐蔽化方式。

②建筑群主干布线设计应根据建筑群体用户信息需求的数量、时间和具体地点,采取相应的技术措施和实施方案。在确定缆线的规格、容量、敷设的路由以及建筑方式时,考虑使通信传输线路建成后保持相对稳定,并能满足今后一定时期信息业务的发展需要。为此,必须遵循以下要点:

- 线路路由应尽量选择距离短、平直,并在用户信息需求点密集的楼群经过,以方便供线和节省工程投资。

- 线路路由应选择在较永久性的道路上敷设,并应符合有关标准规定和与其他管线以及建(构)筑物之间的最小净距要求。除因地形或敷设条件的限制必须与其他管线合沟或合杆外,与电力线路必须分开敷设,并有一定的间距,以保证通信线路安全。

- 建筑群主干布线子系统的主干缆线分支到各幢建筑物的引入段落,其建筑方式应尽量采用地下敷设。如不得已而采用架空方式(包括墙壁电缆引入方式)时,应采取隐蔽引入,其引入位置宜选择在房屋建筑的后面等不显眼的地方。

(2)建筑群子系统工程设计的设计步骤

①确定敷设现场的特点。

②确定电缆系统的一般参数。

③确定建筑物的电缆入口。

④确定明显障碍物的位置。

⑤确定主电缆路由和备用电缆路由。

⑥选择所需电缆类型和规格。

⑦确定每种选择方案所需的劳务成本。

⑧确定每种选择方案的材料成本。

⑨选择最经济、最实用的设计方案。

3.建筑群布线子系统管槽路由设计

建筑群主干布线子系统的缆线设计基本与本地网通信线路设计相似,因此可按照有关标准执行。通信线路的建筑方式有架空和地下两种类型。架空方式又分为架空杆路和墙壁挂放两种。根据架空电缆与吊线的固定方式又可分为自承式和非自承式两种。地下方式分为地下电缆管道、电缆沟和直埋方式等。

(1)地下方式

①管道电缆(见图2-38)。管道电缆一般采用塑料护套电缆,不宜采用钢带铠装结构。

优点:电缆有最佳的保护措施,比较安全,可延长电缆使用年限;产生障碍机会少,不易影响通信,有利于使用和维护;线路隐蔽、环境美观、整齐有序、较好布置;敷设电缆方便,易于扩建或更换。

缺点:因建筑管道和入孔等施工难度大,土方量多,技术要求复杂且较高;初次工程投资较高;要有较好的建筑条件(如有定型的道路和管线);与各种地下管线设施产生的矛盾较多,协调工作较复杂。

适用场合:较为定型的智能化小区和道路基本不变的地段;要求环境美观的校园式小区或对外开放的示范街区;广场或绿化地带的特殊地段;交通道路或其他建筑方式不适用。

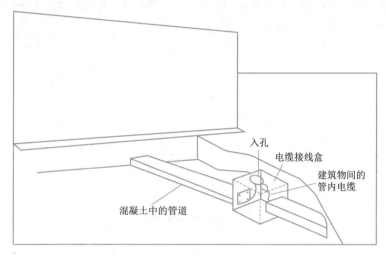

图 2-38 管道电缆

②电缆沟(见图 2-39)。

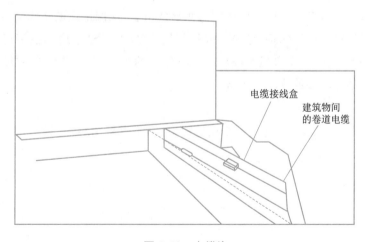

图 2-39 电缆沟

优点:线路隐蔽、安全稳定,不受外界影响;施工简单,工作条件较直埋好;查修障碍和今后扩建均较方便;可与其他弱电线路合建综合性公用设施,可节省初次工程投资。

缺点:如为专用电缆沟道等设施,初次工程投资较高;与其他弱电线路共建时,在施工和维护中要求配合和相互制约,有时会发生矛盾;如公用设施中设有有害于通信的管线,需要增设保护措施,增加了维护费用和工作量。

适用场合:较为定型的小区,道路基本不变的地段;特殊场合或重要场所,要求各种管线综合建设公共设施的地段;已有电缆沟道且可使用的地段。

③直埋(见图 2-40)。直埋电缆应按不同环境条件采用不同程式铠装电缆,一般不用塑料护套电缆。

优点:较架空电缆安全,产生障碍机会少,有利于使用和维护;线路隐蔽、环境美观;初次工程投资较管道电缆低,不需建入孔和管道,施工技术也较简单;不受建筑条件限制,与其他地下管线发生矛盾时,易于躲让和处理。

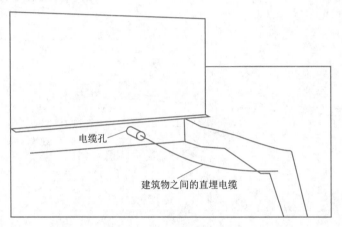

图 2-40　直埋电缆

缺点:维护更换和扩建都不方便,发生障碍后必须挖掘,修复时间长,影响通信;电缆与其他地下管线过于邻近时,双方在维修时会增加机械损伤机会;挖掘正式道路或设施须作赔补。

适用场合:用户数量比较固定,电缆容量和条数不多的地段,今后不会扩建的场所;要求电缆隐蔽,但电缆条数不多,采用管道不经济或不能建设的场合;敷设电缆条数虽少,但是特殊重要地段,不宜采用架空电缆的校园式小区。

(2)架空方式

立杆架设(见图 2-41),架空电缆宜采用塑料电缆,不宜采用刚带铠装电缆。

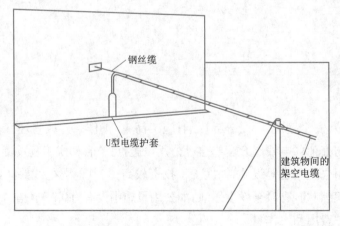

图 2-41　架空电缆

优点：施工建筑技术较简单，建设速度较快；能适应今后变动，易于拆除、迁移、更换或调整，便于扩建增容；首次工程投资较低。

缺点：产生障碍的机会较多，对通信安全有所影响；易受外界腐蚀和机械损伤，影响电缆使用寿命；维护工作量和费用较多，对周围环境美观有影响。

适用场合：不定型的街道或刚刚建设的小区以及道路有可能变化的地段；有其他架空杆路可利用采取合杆时；因客观条件限制无法采用地下方式，需采用架空方式的地段。

✪ 任务小结

通过本任务的学习，需掌握综合布线 6 个子系统的设计规范，每个子系统的设计要点，以及涉的硬件设备和管槽路由设计的原则与方法。

项目三 综合布线施工

任务一　综合布线施工准备

任务描述

综合布线施工前期需做好准备工作，本任务介绍综合布线施工组织和施工前检查事项，重点介绍施工前检查准备工作。

任务目标

①了解综合布线施工管理概要、机构以及项目管理人员组成。
②熟悉技术准备、资源准备、施工现场检查、器材检验、施工进度计划等工作内容。

任务实施

一、综合布线施工组织

1. 工程施工管理概要

综合布线系统工程项目通常可认为是一项系统工程，要将一项确认的综合布线系统设计方案最终在建筑物（群）内完美实现，工程组织和工程实施是十分重要的环节。综合布线系统的工程组织和工程实施时间性很强，具有顺序步骤展开和工艺性特点。综合布线系统工程要求施工单位具有工程组织能力、工程实施能力和工程管理能力，同时在施工中能控制和解决施工管理、技术管理和工程质量管理中出现的各种问题。

工程管理需完成从技术与施工设计，设备供货、安装调试验收至交付的全方位服务，并能在进度、投资上进行有效监管。工程实践证明，一个有效的工程管理组织，不仅要对弱电系统和技术了如指掌，还要熟悉与建筑物相关的各种规范，同时要加强与工程设计部门的联系，才能进行综合布线系统的工程施工设计，此外还要加强与建筑项目其他承建单位部门（如机电、土建、装修等）的协作或协调，与政府相关管理机构（如建筑管理办、质检站等）的协调与沟通。

综合布线系统工程的施工及管理工作，具有任务细节繁杂、技术性强的特点，为此工程管理上需要采用设计管理和现场施工管理相结合的模式。设计管理侧重于对整体综合布线技术从需求、方案、设计到具体施工中所出现的切实问题予以关注和解决。设计管理大量涉及合同中产品数量、型号,因此,更多地体现在产品质量、费用控制、信息管理、合同管理、技术培训、技术交流和工程的维护保养。

现场施工管理要做好安全工作,安全是建筑行业中关注的焦点,虽然综合布线属于弱电系统,没有土建、机电设备安装的那种作业,但身处建筑工地,必须时刻加强对工程人员的安全教育,建立安全生产管理机构,执行安全施工管理规定。

(1)工程施工管理

工程施工管理包括施工进度管理、施工界面管理和施工组织管理。

(2)工程技术管理

工程技术管理包括技术标准和规范管理、安装工艺管理以及技术文件管理。

(3)工程质量管理

为了更好地控制工程质量,要严格按照 ISO9001 质量标准实施工程质量管理。工程质量管理包括施工图的规范化和制图的质量标准、管线施工的质量检查和监督、配线规格的审查和质量要求、系统运行时的参数统计和质量分析、系统验收的步骤和方法、系统验收的质量标准、系统操作与运行时的规范和要求、系统的保养与维护的规范和要求等。

无论从工程设计、进货及送货管理、施工控制、安装调度、工程进度、分包方的选择及控制以及不合格品控制等各方面建立全面和严格的质量管理方法和手段,保证工程质量。

2. 工程施工管理机构

针对综合布线工程的施工特点,施工单位要制定一整套规范的人员配备计划。在工程施工进度确定之后,按进度要求投入人员配备。通常,人员配备包括项目经理领导下的技术经理、物料(施工材料与器材)经理、施工经理的工程负责制管理模式。他们担任管理总监的职能,在具体施工中分为若干小组,这些职能小组并行交叉进行施工。

工程施工组织机构如图 3-1 所示。

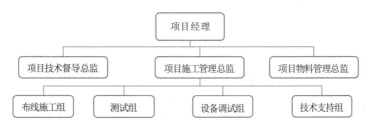

图 3-1 工程施工组织机构

项目经理:负责项目工程部的全面工作。统筹项目所有的施工设计、施工管理、工程测试及各类协调等工作。项目经理部一般分为技术、施工、物料等职能部门,并设有总监人员。

技术管理:负责审核设计,制定施工计划,检验产品性能指标,审核项目方案是否满足标书要求,施工技术指导和问题解决,工程进度监控,工程施工质量检验与监控;负责整个工程的资料管理,制定资料目录,保证施工图纸为当前有效的图纸版本;负责提供与各系统相关的验收标准及表格;负责制定竣工资料;负责本工程技术建档工作,收集验收所需的各种技术报告;协助整理本工程技术档案,负责提出验收报告。

施工管理:主要承担工程施工的各项具体任务,其下设布线施工组、测试组、设备调试组和技术支持组,各组的分工明确又可相互协调。

物料管理:主要根据合同及工程进度即时安排好库存和运输,为工程提供足够、合格的施工物料与器材。

3. 项目管理人员组成

(1)组成项目管理人员

针对工程规模、施工进度、技术要求和施工难度等特点,根据规范化的工程管理模式,拟订一套科学的、合理的工程管理人事配置方案。表 3-1 所示是一个参考性人事安排,实际的工程项目施工人员的组织由施工单位根据自己的情况进行组建。

表 3-1　项目施工组织人员安排

项目经理部		
项目管理人员组成	所在部门	联系电话
工程主管:		
项目经理:		
项目副经理(总监):		
技术负责人:		
质量安全负责人:		
材料供应及设备采购负责人:		
施工负责人:		
动力维修负责人:		
工程资料员:		
布线施工组人员组成		
……		
……		
测试组人员组成		
……		
……		
设备调试组人员组成		
……		
……		

(2)施工现场人员管理

①制定施工人员档案,每名施工人员,包括分包商的工作人员,均须经项目经理审定具有合适的身份证明文件和相关经验,并将所有资料整理,记录及归档。

②所有施工人员在施工场地内,均须携带现场施工有效工作证,以备识别及管理。

③所有须进入施工场地的员工,均给予工地安全守则,并必须参加由工地安全负责人安排的安全守则课程。所有施工人员均需遵守制定的安全规定,如有违规者可给予相应处理。

④当有关员工离职时,即时回收其工作证,更新人员档案并上报建设方相关人员。

⑤按照制定的施工人员分配表、施工进度表,根据工序性质委派不同施工人员。

向施工人员发出工作责任表,细述当天的工作程序,所需材料与器材,说明施工要求和完成标准。

二、施工前检查

综合布线工程施工前,必须做好各项准备工作,以保障工程开工后有步骤、按计划地组织施工,确保工程施工进度和工程质量,推进项目计划。

施工前的准备工作主要有以下几项。

1.熟悉工程设计和施工图

施工单位应详细阅读工程设计文件和施工图纸,了解设计内容及设计意图,明确工程所采用的设备和材料,明确图纸所提出的施工要求,熟悉和工程有关的其他技术资料,如施工及验收规范、技术规程、质量检验评定标准以及制造厂提供的资料,即安装使用说明书、产品合格证、试验记录数据等。

2.编制施工方案

在全面熟悉施工图纸的基础上,依据图纸并根据施工现场情况、技术力量及技术装备情况、设备材料供应情况,做出合理的施工方案。

施工方案编制原则是坚持统一计划的原则,认真做好综合平衡,切合实际,留有余地,坚持施工工序,注意施工的连续性和均衡性。施工方案编制依据是工程合同的要求,施工图、工程概预算和施工组织计划,人力资源保证等条件。施工组织机构编制是计划安排主要采用分工序施工作业法,根据施工情况分阶段进行,合理安排交叉作业,提高工作效率。

施工方案内容主要包括施工组织和施工进度。施工方案要做到人员组织合理,施工安排有工程管理到位。同时,组织协调综合布线工程与其他安装工程的交叉配合,确保在施工过程中不破坏建筑物的强度,不破坏建筑物的外观,不与其他工程发生位置冲突,以保证工程的整体质量。

3.施工场地准备

为了加强管理,要在施工现场布置一些临时场地和设施,如管槽加工制作场地、物品材料仓库、施工现场办公室和现场供电、供水等。

(1)管槽加工制作场地

在管槽施工阶段,根据布线路由实际情况,对管槽材料进行现场切割和加工。

(2)物品材料仓库

对于规模较大的综合布线工程,设备材料的供给和消耗都有时间性。同时,施工材料和施工工具必须在施工现场设置临时仓库进行存放。

(3)施工现场办公室

即工程现场施工的指挥场所,通常配备照明、电话等办公设备。

4. 施工工具配备

根据综合布线工程施工范围和施工环境不同,要准备不同类型和不同品种的施工工具。

(1)室外沟槽施工工具

这类工具包括铁锹、十字镐、电镐等。

(2)线槽、线管和桥架施工工具

这类工具品种多,包括电钻、充电手钻、电锤、台钻、型材切割机、手提电焊机、曲线锯、钢锯、角磨机、钢钎、金属人字梯、安全带、安全帽、电工工具箱(老虎钳、尖嘴钳、斜口钳、一字起子、十字起子、测电笔、电工刀、裁纸刀、剪刀、活扳手、呆扳手、卷尺、铁锤、钢锉、电工皮带及手套)等。

(3)线缆敷设工具

这类工具包括线缆牵引工具和线缆标识工具。线缆牵引工具有牵引绳索、牵引缆套、拉线转环、滑车轮和防磨装置和电动牵引绞车等,线缆标识工具有手持线缆标识机、热转移式标签打印机等。

(4)线缆端接工具

包括双绞线端接工具和光纤端接工具。双绞线端接工具有剥线钳、压线钳、打线工具,光纤端接工具有光纤磨接工具和光纤熔接机等。

(5)线缆测试工具

线缆测试工具有简单铜缆线序测试仪、线缆认证测试仪(如 Fluke DSP-4000 系列)、光功率计、光时域反射仪等。

5. 施工环境检查

在对缆线、工作区的信息插座、配线架及所有连接器件安装施工之前,要对与布线有关的土建工程,即建筑物的施工安装现场条件进行检查,在符合《综合布线系统工程设计规范》(GB 50311—2016)和设计文件的相应要求后,方可进行安装。

(1)设备间、配线间检查

①检查房间的面积是否符合设计要求。

②墙面要求:墙面应涂浅色不易起灰的涂料或无光油漆。

③地面要求:要求房屋地面平整、光洁,满足防尘、绝缘、耐磨、防火、防静电、防酸等要求。如安装活动地板,则应符合 SJ/T 10796—2001《防静电活动地板通用规范》,地板板块敷设应严密牢固,每平方米水平允许偏差小于 2 mm,地板支柱牢固,活动地板防静电措施的接地应符合设计和产品说明要求。

④环境要求:温度为 10～30 ℃,湿度为 20%～80%,灰尘和有害气体指标符合要求。

⑤门高度和宽度应不妨碍设备和器材搬运,房间门应向走道开启。

⑥预留地槽、暗管、孔洞的位置、数量、尺寸是否符合设计要求。

⑦照明宜采用水平面一般照明,照度可为 75 lx～100 lx,进线室应采用具有防潮性能的安全灯,灯开关装于门外。

⑧电源插座应为 220 V 单相带保护的电源插座,插座接地线从 380 V/220 V 三线五线制的 PE 线引出。在部分电源插座,根据所连接的设备情况,应考虑采用 UPS 的供电方式。

⑨综合布线系统要求在设备间和配线间设有接地体,接地体的电阻值如果为单独接地则不应大于 4 Ω,如果是采用联合接地则不应大于 1 Ω。

(2)管路系统检查

①检查所有设计要求的预留暗管系统是否都已安装完毕,特别是接线盒是否已安装到管路系统中,是否畅通。

②检查垂井是否满足安装要求。

③检查预留孔洞是否齐全。

(3)吊顶(天花板)及活动地板检查

检查天花板和活动地板是否安装,净空是否方便施工,铺设质量和承重是否满足要求。

(4)安全和防火检查

①是否有安全制度,要求戴安全帽、着劳保服进入施工现场,高空作业要系安全带。

②垂井和预留孔洞是否有防火措施,消防器材是否齐全有效。

③器材堆放是否安全。

6.施工器材检验

1)型材、管材与铁件的检验

各种金属材料钢材和铁件的材质、规格应该符合设计文件的规定。表面所作防锈处理应光洁良好,无脱落和气泡的现象。不得有歪斜、扭曲、飞刺、断裂和破损等缺陷。

各种管材的管身和管口不得变形,接续配件齐全有效。各种管材(如钢管、硬质 PVC 管等)内壁应光滑、无节疤、无裂缝;材质、规格、型号及孔径壁厚应符合设计文件的规定和质量标准。在工程中经常存在供货商偷工减料的情况,比如,订购 100 mm×50 mm×1.0 mm 规格的镀锌金属线槽,可能给的是 0.8 mm 或 0.9 mm 厚的材料,因此要用千分尺等工具对材料进行抽检。

2)电缆、光缆的检验

施工前,对主要材料电缆、光缆的检验应从以下几方面进行检查。

(1)外观检查

①查看标识文字。电缆的塑料包皮上都印有生产厂商、产品型号规格、认证、长度、生产日期等文字,正品印刷的字符非常清晰、圆滑,基本上没有锯齿状。

②查看线对色标。线对中白色的那条不应是纯白的,而是带有与之成对的那条芯线颜色的花白,这主要是为了方便用户使用时区别线对。

③查看线对绕线密度。双绞线的每对线都绞合在一起,正品线缆绕线密度适中均匀,方向是逆时针,且各线对绕线密度不一。

④用手感觉。双绞线电缆使用铜线做导线芯,线缆质地比较软,便于施工中的小角度弯曲。

⑤用火烧。将双绞线放在高温环境中测试一下,看看在 35～40 ℃时,双绞线塑料包皮会不会变软,合格的双绞线是不会变软的。如果订购的是 LSOH 材料(低烟无卤型)和 LSHF-FR(低烟无卤阻燃型)的双绞线,在燃烧过程中,合格品双绞线释放的烟雾低,LSHF-FR 型还会阻燃,并且有毒卤素也低。

（2）与样品对比

为了保障电缆、光缆的质量，在工程的招标投标阶段可以对厂家所提供的产品样品进行分类封存备案，待厂家大批量供货时，用所封存的样品进行对照，检查样品与批量产品品质是否一致。

（3）抽测线缆的性能指标

双绞线通常以 305 m 为单位包装成箱（线轴），也有按 1 500 m 长度包装成箱的；光缆则以 2 000 m 或更长包装方式。其性能抽测方法，使用认证测试仪（如 FLUKE4XXX 系列）配上整轴线缆测试适配器。整轴线缆测试适配器是 FLUKE 推出的线轴电缆测试解决方案，能对线轴中的电缆被截断和端接之前对它的质量进行评估测试。

具体方法是找到露在线轴外边的电缆头，剥去电缆的外皮 3～5 cm，剥去每条导线的绝缘层约 3 mm，然后将其一个个地插入特殊测试适配器的插孔中，启动测试。只需数秒，测试仪即给出线轴电缆关键参数的详细评估结果。如果不具备以上条件，也可随机抽取几箱缆线，从每箱中截出长度为 90 m 的缆线，测试电气性也能比较准确地判定缆线的质量。

任务小结

综合布线工程项目在实施前，必须做好前期的准备工作。这些工作包括技术准备、资源准备、施工现场检查、器材检验、施工进度计划等工作。施工进度控制关键就是编制施工进度计划，合理安排好前后的工作次序，能对整个工程按时、按质、按量地完成起到正面的促进作用。

任务二　综合布线施工过程

任务描述

本任务主要介绍综合布线工程施工技术规范和操作要求，各类管槽及器件的安装方法、双绞线敷设施工和光纤传输通道的施工。

任务目标

①掌握金属管槽和 PVC 塑料管槽的敷设要求和方法。

②掌握双绞线敷设施工的基本要求、双绞线牵引技术以及建筑物内配线和主干双绞线的布线原则与方法。

③掌握光纤传输通道施工方法、光纤施工要求、光纤端接配线架的方法以及光纤连接器现场安装方法。

任务实施

一、布线系统的管槽安装

管槽是敷设线缆的通道，决定了线缆的布线路由，在布线路由设计时，通常设计为走直线，因两点间直线距离最短。这不仅仅为节约管槽和线缆的成本,更重要的是链路越短,衰减等电气性能指标越好。但布线施工中很可能无法使用直线管路,因在直线路由中,可能会有许多障碍物,一般情况下,比较适合的管槽路径走线方式应与建筑物基线保持一致。

为使安装的管槽系统"横平竖直",施工中必须考虑弹线定位。根据施工图确定的安装位置,从始端到终端(先垂直干线定位,再水平干线定位)找好水平线或垂直线,用墨线袋在线路中心沿墙壁进行弹线。对于支、吊架安装操作通常要求所用管材平直,无显著扭曲,下料后长短偏差应控制在 5 mm 内。

1.金属管的铺设

在现场施工中,施工人员关心的是不同材质管槽的切割及成型问题。

1)金属管的加工要求

综合布线工程使用的金属管应符合设计文件的规定,表面不应有穿孔、裂缝和明显的凹凸不平,内壁应光滑,不允许有锈蚀。在易受机械损伤的地方和在受力较大处直埋时,应采用足够强度的管材。

金属管的加工应符合下列要求:

①为了防止在穿电缆时划伤电缆,加工后的管口必须用钢锉或角磨机磨去,管口应无毛刺和尖锐棱角。

②为了减小直埋管在沉陷时管口处对电缆的剪切力,金属管口宜做成喇叭形。

③金属管在弯制后,不应有裂缝和明显的凹瘪现象,弯曲程度过大,将减小金属管的有效管径,造成穿设电缆困难。

④金属管的弯曲半径不应小于所穿入电缆的最小允许弯曲半径。

⑤镀锌管锌层剥落处应涂防腐漆,可增加使用寿命。

2)金属管切割套丝

在配管时,应根据实际需要长度,对管子进行切割。管子的切割可使用钢锯、管子切割器、管子切割刀或电动切管机,严禁用气割。管子和管子连接,管子和接线盒、配线箱的连接,都需要在管子端部进行套丝。焊接钢管套丝,可用螺纹铰板管子绞板(俗称代丝)或电动套丝机。硬塑料管套丝,可用圆丝板。套丝时,先将管子在管子压力上固定压紧,然后再套丝。若利用电动套丝机,可提高工效。套完丝后,应随时清扫管口,将管口端面和内壁的毛刺用锉刀锉光,使管口保持光滑,以免割破线缆绝缘护套。

3)金属管弯曲

在敷设金属管时应尽量减少弯头,每根金属管的弯头不应超过 3 个,直角弯头不应超过 2 个,且不应有 S 弯出现。弯头过多,将造成穿电缆困难。对于较大截面的电缆不允许有弯头。当实际施工中不能满足要求时,金属管路超过下列长度并弯曲过多时可采用内径较大的管子或在适当部位设置拉线盒或接线盒,以利线缆的穿设。安装施工有下列要求:

①管子无弯曲时,长度可达 45 m。

②管子有 1 个弯时,直线长度可达 30 m。

③管子有 2 个弯时,直线长度可达 20 m。

④管子有 3 个弯时，直线长度可达 12 m。

金属管的弯曲一般都用弯管器进行，先将管子需要弯曲部位的前段放在弯管器内，焊缝放在弯曲方向背面或侧面，以防管子弯扁，然后用脚踩住管子，手扳弯管器进行弯曲，并逐步移动弯管器，得到所需要的弯度。

弯曲半径应符合下列要求：

①明配，一般不小于管外径 6 倍；只有一个弯时，可不小于管外径的 4 倍。

②暗配，不应小于管外径 6 倍，敷设于地下或混凝土楼板内，不应小于管外径 10 倍。

4）金属管的接连要求

金属管连接应牢固，密封应良好，两管口应对准。套接的短套管或带螺纹的管接头的长度不应小于金属管外径的 2.2 倍。金属管的连接采用短套接时，施工简单方便，采用管接头螺纹连接则较为美观，保证金属管连接后的强度，无论采用哪一种方式均应保证牢固、密封。金属管进入信息插座的接线盒后，暗埋管可用焊接固定，管口进入盒的露出长度应小于 5 mm。明设管应用锁紧螺母或管帽固定，露出锁紧螺母的丝扣为 2～4 扣。引至配线间的金属管管口位置，应便于与线缆连接，并列敷设的金属管管口应排列有序，便于识别。

5）金属管铺设

（1）暗设要求

预埋在墙体中间的金属管内径不宜超过 50 mm，楼板中的管径宜为 15～25 mm，直线布管 30 m 处设置暗线盒。

敷设在混凝土、水泥里的金属管，其地基应坚实、平整、不应有沉陷，以保证敷设后的线缆安全运行。

金属管连接时，管孔应对准，接缝应严密，不得有水和泥浆渗入。管孔对准无错位，以免影响管路的有效管理，保证敷设线缆时穿设顺利。

金属管道应有不小于 0.1% 的排水坡度。

建筑群之间金属管的埋没深度不应小于 0.8 m，在人行道下面敷设时，不应小于 0.5 m。

金属管内应安置牵引线或拉线。

金属管的两端应有标记，表示建筑物、楼层、房间和长度。

（2）明敷要求

金属管应用卡子固定，这种固定方式较为美观，且在需要拆卸时方便拆卸。金属的支持点间距，有要求时应按照规定设计，无设计要求时不应超过 3 m。在距接线盒 0.3 m 处，用管卡将管子固定。在弯头的地方，弯头两边也应用管卡固定。

（3）光缆与电缆同管

光缆与电缆同管敷设时，应在暗管内预置塑料子管。将光缆敷设在子管内，使光缆和电缆分开布放。子管的内径应为光缆外径的 2.5 倍。

2. 金属槽的铺设

1）线槽安装要求

安装线槽应在土建工程基本结束以后，一般与其他管道（如风管、给排水管）同步进行，安装线槽应符合下列要求：

①线槽安装位置应符合施工图规定，左右偏差视环境而定，最大不超过 50 mm。

②线槽水平度每米偏差不应超过 2 mm。

③垂直线槽应与地面保持垂直，并无倾斜现象，垂直度偏差不应超过 3 mm。

④线槽节与节间用接头连接板拼接，螺丝应拧紧，两线槽拼接处水平偏差不应超过 2 mm。

⑤当直线段桥架超过 30 m 或跨越建筑物时，应有伸缩缝，其连接宜采用伸缩连接板。

⑥线槽转弯半径不应小于其槽内的线缆最小允许弯曲半径的最大者。

⑦盖板应紧固，并且要错位盖槽板。

⑧支吊架应保持垂直、整齐牢固、无歪斜现象。

为了防止电磁干扰，宜用辫式铜带把线槽连接到其经过的设备间，或楼层配线间的接地装置上，并保持良好的电气连接。

2）配线子系统线缆敷设支撑保护要求

（1）预埋金属线槽支撑保护要求

在建筑物中预埋线槽截面高度不宜超过 25 mm，线槽直埋长度超过 15 m 或在线槽路由交叉、转变时宜设置拉线盒，以便布放线缆和维护。接线盒盖应能开启，并与地面齐平，盒盖处应采取防水措施。线槽宜采用金属引入分线盒内。

（2）设置线槽支撑保护要求

水平敷设时，支撑间距一般为 1.5～2 m，垂直敷设时固定在建筑物构体上的间距宜小于 2 m。

金属线槽敷设时，在下列情况下设置支架或吊架：线槽接头处、间距 1.5～2 m、离开线槽两端口 0.5 m 处和转弯处。

（3）在活动地板下敷设线缆时，活动地板内净空不应小于 150 mm。如果活动地板内作为通风系统的风道使用时，地板内净高不应小于 300 mm。

3）干线子系统的线缆敷设支撑保护要求

①线缆不得布放在电梯或管道竖井中。

②干线通道间应沟通。

③弱电间中线缆穿过每层楼板孔洞宜为方形或圆形。长方形孔尺寸不宜小于 300 mm× 100 mm，圆弧洞处应至少安装三根圆形钢管，管径不宜小于 100 mm。

4）建筑群干线子系统线缆敷设支撑保护应符合设计要求

3. PVC 塑料管的铺设

1）PVC 管安装

PVC 管一般是在工作区暗埋，操作时要注意以下两点：

①当管子需要转弯时，弯曲半径要大，不能使管子弯曲变形，不便于穿线。

②管内穿线不宜太多，要留有 50% 以上的空间。

2）PVC 线槽安装

PVC 线槽安装具体有以下 3 种方式：

①在天花板吊顶打吊杆或托式桥架。

②在天花板吊顶外采用托架桥架铺设。

③在天花板吊顶外采用托架加配定槽铺设。

采用托架时,一般在 1 m 左右安装一个托架。固定槽时一般 1 m 左右安装固定点,固定点是指把槽固定的地方,根据槽的大小来设置间隔。

25×20～25×30 规格的槽,一个固定点应有 2～3 个固定螺丝,并水平排列。

25×30 以上的规格槽,一个固定点应有 3～4 固定螺丝,呈梯形状,使槽受力点分散。

除了固定点外应每隔 1 m 左右钻两个孔,用双绞线穿入,待布线结束后,把所布的双绞线捆扎起来。

水平干线、垂直干线布槽的方法是一样的,差别在一个是横布槽一个是竖布槽。在水平干线与工作区交接处,不易施工时,可采用金属软管(蛇皮管)或塑料软管连接。

3)管槽选择计算方法

对槽、管的选择可采用以下简易方式:

$$槽(管)截面积＝(n×线缆截面积)/(70\%×(40\%～50\%))$$

式中,n 表示用户所要安装的多少条线(已知数);槽(管)截面积表示要选择的槽管截面积;线缆截面积表示选用的线缆横截面积;70% 表示布线标准规定允许的空间大小;40%～50% 表示线缆之间浪费的空间大小。

二、双绞线敷设施工

1.双绞线敷设施工基本要求

当综合布线系统完成线槽、线管和桥架安装,工作区信息插座底盒安装和设备间及管理间的,机柜安装后,就进入线缆敷设安装了。综合布线系统分建筑群布线子系统、建筑物主干布线子系统和水平布线子系统三部分。水平布线子系统一般采用双绞线作为传输介质,建筑物主干布线子系统根据传输距离和用户需求,可选用光缆或双绞线作为传输介质。本节介绍双绞线的敷设技术和端接技术。

双绞线施工的基本要求如下:

(1)布放电缆应有冗余

在交接间、设备间的电缆预留长度一般为 0.5～1.0 m,工作区为 10～30 mm。有特殊要求的应按设计要求预留长度(参见 GB/T 50312—2016)。

(2)电缆转弯时弯曲半径应符合的规定

非屏蔽 4 对双绞线缆的弯曲半径应至少为电缆外径的 4 倍,在施工过程中应至少为 8 倍。屏蔽双绞线电缆的弯曲半径应至少为电缆外径的 6～10 倍。主干双绞线电缆的弯曲半径应至少为电缆外径的 10 倍。

水平双绞线电缆一般有非屏蔽和屏蔽两种方式。采用屏蔽电缆时屏蔽方式不同,电缆的结构也不一样。因此,在屏蔽电缆敷设时,弯曲半径应根据屏蔽方式在 6～10 倍于电缆外径中选用。布放电缆,在牵引过程中电缆的支点相隔间距不应大于 1.5 m。

（3）拉绳速度和拉力拉绳缆的速度从理论上讲，线的直径愈小，则拉的速度愈快。但是，有经验的安装者应慢速而又平稳地拉绳，而不是快速地拉绳。原因是快速拉绳会造成缆线缠绕或被绊住，拉力过大，线缆变形，会引起线缆传输性能下降。线缆最大允许拉力为：

1 根 4 对双绞线电缆，拉力为 100 N（10 kg）；

2 根 4 对双绞线电缆，拉力为 150 N（15 kg）；

3 根 4 对双绞线电缆，拉力为 200 N（20 kg）；

n 根 4 对双绞线电缆，拉力为 $n\times50+50(n)$。

25 对 5 类 UTP 电缆，最大拉力不能超过 40 kg，速度不宜超过 15 m/min。

（4）放线记录

为了充分利用线缆，建议对每箱线从第一次放线起，做一个放线记录。线缆上每隔两英尺有一个长度记录，一箱线长 305 m（1 000 英尺）。每次放线时记录开始和结束处的尺寸，可计算出本次放线的长度和剩余线缆的长度，下次放线将剩余线缆放到合适的信息点。

2.双绞线牵引技术

当同时布放的线缆数量较多时，要采用线缆牵引，线缆牵引就是用一条拉绳或一条软钢丝绳将线缆牵引穿过墙壁管路、天花板和地板管路。所用方法取决于要完成作业的类型、线缆的质量、布线路由的难度（如在具有硬转弯的管道布线要比在直管道中布线难），还与管道中要穿过的线缆的数目有关，在已有线缆的拥挤的管道中穿线要比空管道难。不管在哪种场合都应遵循一条规则，使牵引时拉绳与线缆的连接点应尽量平滑，所以要采用电工胶带紧紧地缠绕在连接点外面，以保证平滑和牢固。

拉绳在电缆上固定的方法有拉环、牵引夹和直接将拉绳系在电缆上等 3 种方式。拉环是将电缆的导线弯成一个环，导线通过带子束在一起然后束在电缆护套上，拉环可以使所有电缆线对和电缆护套均匀受力。牵引夹是一个灵活的网夹设备，可以套在电缆护套上，网夹系在拉绳上然后用带子束住，牵引夹的另一端固定在电缆护套上，当在拉绳上加力时，牵引夹可以将力传到电缆护套上。在牵引大型电缆时，还有一种旋转拉环的方式，旋转拉环是一种在用拉绳牵引时可以旋转的设备，在将干线电缆安装在电缆通道内时，旋转拉环可防止拉绳和干线电缆的扭绞，干线电缆的线对在受力时会导致电缆性能下降，干线电线如果扭绞，电缆线对可能会断裂。

下面介绍拉环牵引的方法。

1）牵引标准 4 对线缆

标准的"4 对"线缆很轻，牵引前通常不需要做更多准备，只要将它们用电工带与拉绳捆扎在一起就可以了。如果牵引多条"4 对"缆线穿过一段路由，可用下列方法：

①将多条线缆聚集成一束，并使它们的末端对齐。

②用电工带或胶布紧绕线缆束，在末端外绕 50～100 mm 长距离即可。

③将拉绳穿过电工带缠好的线缆，并打好结。

在拉绳缆过程中，连接点若散开了，则要收回线缆和拉绳按下列方法重新制作更牢固的连接。

①除去一些绝缘层以暴露出长 5～10 cm 的裸线。

②将裸线分成两条。

③将两条导线互相缠绕起来形成环。

④将拉绳穿过此环并打结,然后将电工带缠到连接点周围,要缠得结实和平滑。

2)牵引单根 25 对电缆

①将缆线向后弯曲建立一个环,并使缆线末端与缆线本身绞紧。

②用电工带紧紧地缠在绞好的缆上,以加固此环。

③把拉绳拉接到缆环上,用电工带紧紧地将绞好的部分缠绕起来。

3)牵引多根 25 对电缆

可用一种称为芯套/钩(CORE KITEH)的连接,这种连接非常牢固,可牵引几百对的线缆,为此要执行以下过程:

①剥除约 30 cm 的缆护套,包括导线上的绝缘层。

②使用斜口钳将线切去,留下约 12 根。

③将导线分成两个绞线组。

④将两组绞线交叉地穿过拉绳的环,在缆的那边建立一个闭环。

⑤用电工带紧紧地缠绕在缆周围,覆盖长度约是 5 cm 环直径的 3～4 倍,然后继续再绕上一段。

3. 建筑物内配线双绞线布线

配线子系统的缆线安装,具有面广、量大,具体情况较多,而且环境复杂等特点,遍及智能化建筑中所有角落。其缆线敷设方式有预埋、明敷管路和槽道等几种,安装方法又有在天花板(或吊顶)内、地板下和墙壁中以及 3 种混合方式。在缆线敷设中应按 3 种方式的各自不同要求进行施工。选择的路径要阻力最小,当一种布线方法不能很好地施工时,应尝试选用另外一种方法,在决定采用哪种方法之前,到施工现场进行比较,从中选择一种最佳的施工方案。

缆线在天花板或吊顶内一般有装设槽道或不装设槽道两种布线方法。在施工时,应结合现场条件确定敷设路由,并应检查槽道安装位置是否正确和牢固可靠。在槽道中敷设缆线应采用人工牵引,牵引速度要慢,不宜猛拉紧拽,以防止缆线外护套发生磨、刮、蹭、拖损伤。必要时在缆线路由间和出入口处设置保护措施或支撑装置,也可由专人负责照料或帮助。

缆线在地板下布线方法较多,保护支撑装置也有不同,应根据其特点和要求进行施工。除敷设在管路或线槽内,路由已固定的情况外,选择路由应短捷平直、位置稳定和便于维护检修。缆线路由和位置应尽量远离电力、热力、给水和输气等管线。牵引方法与在天花板内敷设的情况基本相同。

1)暗道布线

暗道布线是在浇筑混凝土时已把管道预埋好地板管道,管道内有牵引电缆线的钢丝或铁丝,安装人员只需索取管道图纸来了解地板的布线管道系统,确定"路径在何处",就可以做出施工方案。对于老的建筑物或没有预埋管道的新的建筑物,要向业主索取建筑物的图纸,并到要布线的建筑物现场,查清建筑物内电、水、气管路的布局和走向,然后详细绘制布线图纸,确定布线施工方案。对于没有预埋管道的新建筑物,施工可以与建筑物装修同步进行,这样既便于布线,又不影响建筑物的美观。管道一般从配线间埋到信息插座安装孔。安装人员只要将 4 对电缆线固定在信息插座的拉线端,从管道的另一端牵引拉线就可将缆线达到配线间。

2)天花板吊顶内布线

水平布线常用的方法是在天花板吊顶内布线。具体施工步骤如下:

①确定布线路由。

②沿着设计路由,打开天花板,用双手推开每块镶板,多条 4 对线很重,为了减轻压在吊顶上的压力,可使用 J 形钩、吊索及其他支撑物来支撑。

③在箱上写标注,在线缆的末端注上标号。

④在距离管理间最远的一端开始,拉到管理间。

3)墙壁线槽布线

墙壁线槽布线是一种明铺方式,均为短距离段落。如已建成的建筑物中没有暗敷管槽时,只能采用明敷线槽或将缆线直接敷设,在施工中应尽量把缆线固定在隐蔽的装饰线下或不易被碰触的地方,以保证缆线安全。

在墙壁上布线槽一般遵循下列步骤:

①确定布线路由。

②沿着路由方向放线(讲究直线美观)。

③线槽每隔 1 m 要安装固定螺钉。

④布线(布线时线槽容量为 70%)。

⑤盖塑料槽盖,盖槽盖应错位盖。

4.建筑物内主干双绞线布线

建筑物主干电缆主要是光纤或 4 对双绞线。对于语音系统,一般是 25 对、50 对或是更大对数的双绞线,它的布线路由是从楼栋设备间到楼层管理间之间,在建筑物中,通常有弱电竖井通道,但对没有竖井的旧建筑进行综合布线一般是重新铺设金属线槽作为竖井。

在竖井中敷设干线电缆一般有两种方法,向下垂放电缆和向上牵引电缆。相比较而言,向下垂放比向上牵引容易。当电缆盘比较容易搬运上楼时,采用向下垂放电缆;当电缆盘过大、电梯装不进去或大楼走廊过窄等情况导致电缆不可能搬运至较高楼层时,只能采用向上牵引电缆。

1)向下垂放线缆

向下垂放线缆的一般步骤如下:

①对垂直干线电缆路由进行检查,确定至管理间的每个位置都有足够的空间敷设和支持干线电缆。

②把线缆卷轴放到最顶层。

③在离房子的开口处(孔洞处)3~4 m 处安装线缆卷轴,并从卷轴顶部放出馈线。

④在线缆卷轴处安排所需施工员,每层要有一个施工员以便引寻下垂的线缆,在施工过程中每层施工人员间必须能通过对讲机等通信工具保持联系。

⑤开始旋转卷轴,将线缆从卷轴上拉出。

⑥将拉绳固定在拉出的线缆上,引导进竖井中的孔洞,在此之前先在孔洞中安放一个塑料的套状保护物,以防止孔洞不光滑的边缘擦破线缆的外皮。

⑦慢慢地从卷轴上放缆并进入孔洞向下垂放,请不要快速地放缆。

⑧继续放线,直到下一层布线工人员能将线缆引到下一个孔洞。

⑨按前面的步骤,继续慢慢地放线,并将线缆引入各层的孔洞,各层的孔洞也安放一个塑料的套状保护物,以防止孔洞不光滑的边缘擦破线缆的外皮。

⑩当线缆到达目的地时,把每层上的线缆绕成卷放在架子上固定起来,等待以后的端接。

⑪对电缆的两端进行标记,如果没有标记,要对干线电缆通道进行标记。

如果要经由一个大孔敷设垂直干线缆,就无法使用一个塑料保护套,这时最好使用一个滑车轮,通过它来下垂布线,为此需做如下操作:

①在孔的中心处装上一个滑车轮。

②将缆拉出绕在滑车轮上。

③按前面所介绍的方法牵引缆穿过每层的孔。在布线时,若线缆要越过弯曲半径小于允许的值(双绞线弯曲半径为8～10倍于线缆的直径,光缆为20～30倍于线缆的直径),可以将线缆放在滑车轮上,解决线缆的弯曲问题。

2)向上牵引线缆

向上牵引线缆可用电动牵引绞车,其操作步骤如下:

①对垂直干线电缆路由进行检查,确定至管理间的每个位置都有足够的空间敷设和支持干线电缆。

②按照线缆的质量,选定绞车型号,并按绞车制造厂家的说明书进行操作,先往绞车中穿一条拉绳,根据电缆的大小和重量及垂井的高度,确定拉绳的大小和抗张强度。

③启动绞车,并往下垂放拉绳,拉绳向下垂放直到安放线缆的底层。

④如果缆上有一个拉眼,则将绳子连接到此拉眼上。

⑤启动绞车,慢慢地将线缆通过各层的孔向上牵引。

⑥电缆的末端到达顶层时,停止绞车。

⑦在地板孔边沿上用夹具将线缆固定。

⑧当所有连接制作好之后,从绞车上释放线缆的末端。

⑨对电缆的两端进行标记,如果没有标记,要对干线电缆通道进行标记。

三、光缆传输通道施工

光缆与电缆同是通信线路的传输介质,其施工方法虽基本相似,但因光纤是石英玻璃制成的,故光缆施工比电缆施工的难度要大,难度包括光缆的敷设难度与光纤连接的难度。由于光缆与电缆其所用材质和传输信号原理、方式有根本区别,对于安装施工的要求自然也会有所差异。

1. 光缆施工要求

1)光缆施工的安全防范措施

由于光纤传输和材料结构方面的特性,在施工过程中,如果操作不当,光源可能会伤害到人的眼睛,切割留下的光纤纤维碎屑会伤害人的身体,因此在光缆施工过程中要采取有效的安全防范措施。

　　光缆传输系统使用光缆连接各种设备,如果连接不好或光缆断裂,会产生光波辐射。进行测量和维护工作的技术人员在安装和运行半导体激光器时也可能暴露在光波辐射之中。固态激光器、气态激光器和半导体激光器虽是不同的激光器,但其发出的光波都是一束发散的波束,其辐射通量密度随距离很快发散,距离越大,对眼睛伤害的可能性越小。从断裂光纤端口辐射的光能比从磨光端接面辐射的光能的端口要多。如果偶然地用肉眼去观察无端接头或损坏的光纤,且距离大于 12.7~15.24 cm,则不会损伤眼睛。决不能用光学仪器,如显微镜、放大镜或小型放大镜去观察已供电的光纤终端,否则一定会对眼睛造成伤害。如果间接地通过光电变换器(如探测射线显示器(FIND-R-Scope)或红外(IR)显示器)去观察光波系统,比较安全。用肉眼观察无端接头的已通电的连接器或一根已损坏的光纤端口,当距离大于 30 cm 时不会对眼睛造成伤害,但这种观察方法应避免。具体应遵守以下安全规程:

　　①光缆施工人员必须经过专业培训,了解光纤传输特性,掌握光纤连接的技巧,遵守操作规程。未经严格训练的人员,不许参加施工,严禁操作已安装好的光传输系统。

　　②在光纤使用过程中(正在通过光缆传输信号)技术人员不得检查其端头。只有光纤为深色(未传输信号)时方可进行检查。由于大多数光学系统中采用的光是人眼看不见的,所以在操作光传输通道时要格外仔细。

　　③折断的光纤碎屑实际上是很细小的玻璃针形光纤,容易划破皮肤和衣服,当它刺入皮肤时,会感到相当的疼痛。如将碎片吸入人体内,会对人体造成较大危害,因此,制作光纤终端接头或使用裸光纤的技术人员,必须戴眼镜和手套,穿工作服。可能存在裸光纤的所有工作区内应该坚持反复清扫,确保没有任何裸光纤碎屑。应该用瓶子或其他容器装光纤碎屑,确保这些碎屑不会遗漏,以免对人造成伤害。

　　④绝不允许观看已通电的光源、光纤及其连接器,更不允许用光学仪器观看已通电的光纤传输通道器件,只有在断开所有光源的情况下,才能对光纤传输系统进行维护操作。如果必须在光纤工作时对其进行检查,特别是当系统采用激光作为其光源工作时,光纤连接不好或断裂,会使人受到光波辐射,操作人员应佩带具有红外滤波功能的保护眼镜。

　　⑤离开工作区之前,所有接触过裸光纤的工作人员必须立即洗手,并对衣服进行检查,拍打衣物,去除可能粘上的光纤碎屑。

　　2)光缆施工技术要求

　　①光缆是通过玻璃而不是通过铜来传播信号的,由于光缆的缆芯是玻璃的,与铜缆相比易碎,因此在敷设光缆时当弯曲、敷设牵引时,安装人员要特别小心。

　　②弯曲光缆时不能超过最小的弯曲半径。首先,光纤的纤芯是石英玻璃的,极易弄断,因此在施工弯曲时绝不允许超过最小的弯曲半径。光缆弯曲半径应至少为光缆外径的 15 倍,布线理想的路由是从起点到目的地以直线方式敷设光缆,但实际环境却不然,在许多地方会使光缆弯曲。例如,管道中有一个拐弯,或光缆路径的改变(如主干伸到强制通风区),或将光缆盘成圆来存放等,在这些场合,弯曲半径很重要。

③光纤的抗拉强度比电缆小,因此在操作光缆时,不允许超过各种类型光缆的抗拉强度。敷设光缆的牵引力一般应小于光缆允许张力的80%,对光缆瞬间最大牵引力不能超过允许张力。涂有塑料涂覆层的光纤细如毛发,而且光纤表面的微小伤痕都将使耐张力显著地恶化。另外,当光纤受到不均匀侧面压力时,光纤损耗将明显增大,因此,敷设时应控制光缆的敷设张力,避免使光纤受到过度的外力(如弯曲、侧压、牵拉、冲击等),这是提高工程质量所必须注意的两个问题。为了满足对弯曲半径和抗拉强度的要求,在施工中应使光缆卷轴转动,以便拉出光缆。

④光缆是用玻璃纤芯来传输光的,由于它的易碎性,光纤接续就比较困难,它不仅要求接触,而且还必须使两个接触端完全对准,否则将会产生较大的损耗。要提高光纤接续质量使光纤损耗为最小。

⑤光缆敷设应平直,不能扭绞、打圈,更不能受到外力挤压。

⑥光缆布放应有冗余,光缆在设备端预留长度一般为5~10 m,或按设计要求预留更长的长度。

⑦敷设光缆的两端应贴上标签,以表明起始位置和终端位置。

⑧光缆与建筑物内其他管线应保持一定间距,最小净距符合设计要求。

2.光纤传输通道施工

1)施工准备

(1)光缆的检验要求

①工程所用的光缆规格、型号、数量应符合设计的规定和合同要求。

②光纤所附标记、标签内容应齐全和清晰。

③光缆外护套需完整无损,光缆应有出厂质量检验合格证。

④光缆开盘后,应先检查光缆外观有无损伤,光缆端头封装是否良好。

⑤光纤跳线检验应符合下列规定:具有经过防火处理的光纤保护包皮,两端的活动连接器端面应装配有合适的保护盖帽;每根光纤接插线的光纤类型应有明显的标记,应符合设计要求。

⑥光纤衰减常数和光纤长度检验。衰减测试时可先用光时域反射仪进行测试,测试结果若超出标准或与出厂测试数据相差较大,再用光功率计测试,并将两种测试结果加以比较,排除测试误差对实际测试结果的影响。要求对每根光纤进行长度测试,测试结果应与盘标长度一致,如果差别较大,则应从另一端进行测试或做通光检查,以判定是否有断纤现象。

(2)配线设备的使用应符合的规定

①光缆交接设备的型号、规格应符合设计要求。

②光缆交接设备的编排及标记名称应与设计相符。各类标记名称应统一,标记位置应正确、清晰。

2)建筑物光缆敷设

建筑物内光缆主要用于垂直干线子系统,但实际的布线路由包括弱电井(垂直方向)和从各楼层弱电井的出口到楼层配线间(水平方向)。

(1)通过弱电井垂直敷设

在弱电井中敷设光缆有两种选择:向上牵引和向下垂放。

通常向下垂放比向上牵引容易些,因此当准备向下垂放敷设光缆时,应按以下步骤操作:

①在离建筑顶层设备间的槽孔1~1.5 m处安放光缆卷轴,使卷筒在转动时能控制光缆。将光缆卷轴安置于平台上,以便保持在所有时间内光缆与卷筒轴心都是垂直的。放置卷轴时要使光缆的末端在其顶部,然后从卷轴顶部牵引光缆。

②转动光缆卷轴,并将光缆从其顶部牵出。牵引光缆时,要保持不超过最小弯曲半径和最大张力的规定。

③引导光缆进入槽孔中去敷设好的电缆桥架中。

④慢慢从光缆卷轴上牵引光缆,直到下一层的施工人员可以接到光缆并引入下一层。在每一层楼均重复以上步骤,当光缆达到底层时,要使光缆松弛地盘在地上。在弱电间敷设光缆时,为了减少光缆上的负荷,应在一定的间隔上(如5.5 m)用缆带将光缆扣牢在墙壁上。采用这种方法时,光缆不需要中间支持,但要小心地捆扎光缆,不要弄断光纤。为了避免弄断光纤及产生附加的传输损耗,在捆扎光缆时不要碰破光缆的外护套。

固定光缆的步骤如下:

①使用塑料扎带由光缆的顶部开始,将干线光缆扣牢在电缆桥架上。

②由上往下,在指定的间隔(5.5 m)安装扎带,直到干线光缆被牢固地扣好。

③检查光缆外套有无破损,然后盖上桥架的外盖。

(2)通过吊顶敷设光缆

本系统中,敷设光纤从弱电井到配线间这段路径时,一般采用吊顶(电缆桥架)敷设的方式。下面两种情况要采用吊顶敷设光缆方式:当楼层配线间离弱电井距离较远时;在大型单层建筑物中。在吊顶敷设光缆步骤如下:

①沿着所建议的光纤敷设路径打开吊顶,光缆卷轴应安放在离吊顶开孔较近的地方。

②利用工具切去一段光纤的外护套,并由一端开始的0.3 m处环切光缆的外护套,然后除去外护套,对每根要敷设的光缆重复此过程。

③将光纤及加固芯切去并掩没在外护套中,只留下纱线。对需敷设的每条光缆重复此过程。

④将纱线与带子扭绞在一起。

⑤用胶布将长20 cm范围的光缆护套紧紧地缠住。

⑥将纱线馈送到合适的夹子中去直到被带子缠绕的护套全塞入夹子中为止。

⑦将带子绕在夹子和光缆上,将光缆牵引到所需的地方,并留足够长的光缆供后续处理。

(3)光缆接续与端接

光缆接续与端接时应注意以下几点:

①光纤接续采用熔接法。为了降低连接损耗,无论采用哪种接续方法,在光纤接续的全部过程中都应采取质量检测(如采用光时域反射仪监视),具体检测方法可参见《电信网光纤数字传输系统工程施工及验收暂行技术规定》(YDJ 44—1989)。

②光纤接续后应排列整齐、布置合理,将光纤接头固定、光纤余长盘放一致、松紧适度、无扭绞受压现象,其光纤余留长度不应小于1.2 m。

③光缆接头套管的封合若采用热可缩套管时,应按规定的工艺要求进行,封合后应测试和检查有无问题,并做记录备查。

④光缆终端接头或设备的布置应合理有序,安装位置需安全稳定,其附近不应有可能损害它的外界设施,如热源和易燃物质等。

⑤从光缆终端接头引出的尾巴光缆或单芯光缆的光纤所带的连接器应按设计要求插入配线架上的连接部件中。暂时不用的连接器可不插接,但应套上塑料帽,以保证其不受污染,便于今后连接。

⑥在机架或设备(如光纤接头盒)内,应对光纤和光纤接头加以保护,光纤盘绕方向要一致,要有足够的窨空间和符合规定的曲率半径。

⑦屋外光缆的光纤接续时,应严格按操作规程执行。光纤芯径与连接器接头中心位置的同心度偏差要求如下:

· 多模光纤同心度偏差应小于等于 3 μm。

· 单模光纤同心度偏差应小于等于 1 μm。

凡达不到规定指标,尤其是超过光纤接续损耗时,不得使用。应剪掉接头重新接续,务必经测试合格才准使用。

⑧光缆中的铜导线、金属屏蔽层、金属加强心和金属铠装层均应按设计要求,采取终端连接和接地,并要求检查和测试其是否符合标准规定,如有问题必须补救纠正。

⑨光缆传输系统中的光纤跳线、光纤连接器在插入适配器或耦合器前,应用丙醇酒精棉签擦拭连接器插头和适配器内部,清洁干净后才能插接,插接必须紧密、牢固可靠。

⑩光纤终端连接处均应设有醒目标志,其内容应正确无误,清楚完整(如光纤序号和用途等)。

⑪光纤端接的主要材料包括:

· 连接器件;

· 套筒,黑色用于直径 3.0 mm 的光纤,银色用于 2.4 mm 的单光纤;

· 缓冲层光纤缆支持器(引导);

· 带螺纹帽的扩展器;

· 保护帽。

3. 光纤端接配线架

不论是什么样的电缆或光缆作为综合布线的传输介质,在布线工程安装时都需要在线缆的两端进行端接。交叉连接设备接在一条线缆或一组线缆的终端,使这些终端可与其他线缆进行相互的连接。

光纤端接架(盒)是光纤线路的端接和交连的地方,它把光纤线路直接连到端接设备或利用短的互连光缆把两条线路交连起来。所有的光纤端接架均可安装在标准框架上,也可直接挂在设备间或配线间的墙壁上。连接器的选择主要根据用户需求的功能和容量决定。

光纤配线主要完成光纤进入设备间后光纤的连接和终接后单芯光纤到各光通信设备中光路的连接与分配,以及光缆分纤配线(便于进行线路调整及调度)。光纤配线产品可完成光缆的固定、分纤缓冲、环绕预留、夹持定位、接地保护、固定接头保护以及光纤的分配、组合、调度工作等。常见的光纤光缆配线产品有光纤配线架、光缆交接箱、光缆分线箱等。

光纤配线架是用于外线光缆与光通信设备的连接,并具有外线光缆的固定、分纤缓冲、熔接、接地保护以及光纤的分配、组合、调度等功能的现代通信设备。

光缆交接箱是用于光纤接入网中主干光缆与配线光缆节点处的接口设备,可以实现光纤的熔接、分配以及调度等功能,可采用落地和架空安装方式。

光缆分线箱是用于光纤环路终端的配线分线设备,可以提供光纤的熔接、成端、配线及分线功能。

光纤布线的线路管理器件包括交连硬件、光纤交连场和光纤互连场。

1)交连硬件

光纤互连装置(LIU)是综合布线中的标准光纤交连设备,该装置除支持连接器外,还直接支持束状光缆和跨接线光缆。

以 AT&T 公司的产品为例,LIU 硬件包括以下部件:

①100A LIU,可完成 12 个光纤端接。

②10 A 光纤连接器面板,可安装 6 个 ST 耦合器。该面板安装在 100A LIU 上开挖的窗口中。

③200 A 光纤互连装置,可完成 24 个光纤端接。

④400 A 光纤互连装置,可容纳 48 根光纤或 24 个绞接和 24 个端接。该装置利用 ST 连接器面板来提供 STII 连接器所需的端接能力。其门锁增加了安全性。

2)光纤交连场

光纤交连场可以使每一根输入光纤通过两端均有套箍的跨接线光缆连接到输出光纤。光纤交连由若干个模块组成,每个模块端接 12 根光纤。图 3-2 所示的光纤交连场模块包括一个 100A LIU,两个 10 A 连接器面板和一个直接线 1A4 光纤过线槽(如果光纤交连模块不止 1 列,则还需配备水平接线 1A6 光纤过线槽)。

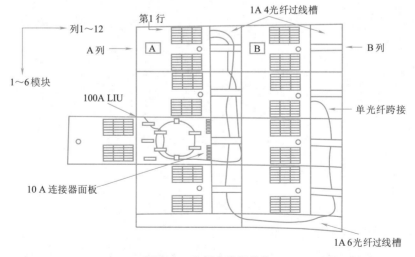

图 3-2　光纤交连场模块

一个光纤交连场可以将 6 个模块堆积在一起,若需要附加端接,则要用 1A6 捷径过线槽将各列 LIU 互连在一起。

一个光纤交连场最多可扩充到 12 列,每列 6 个 100A LIU,每列可端接 72 根光纤,因而一个全配置的交连场可容纳 864 根光纤。

与光纤互连方法相比,光纤交连方法较为灵活,但连接器损耗会增加一倍。

1 A 光纤垂直过线槽如图 3-3 所示,1 A6 光纤水平过线槽如图 3-4 所示,两种均用于建立光纤交连场,其主要功能是保护光纤跨接线。

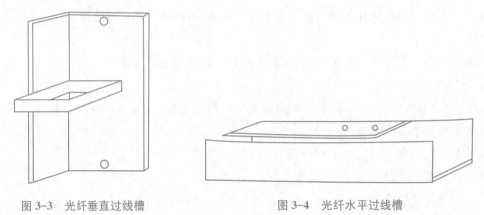

图 3-3　光纤垂直过线槽　　　　　　　　图 3-4　光纤水平过线槽

在光纤交连的 100 A 或 200 A 中,还有一些成品扇出件。扇出件专门与 100 A 或 200 A 中局内接口单元(OIU)或局内信道单元(OCU)配用,使带阵列连接器的光缆容易在端接面板处变换成 12 根单独的光纤。

标准扇出件是一个带阵列连接器的带状光缆,它的另一端分成 12 根带连接器的光纤。每根光纤都有特别结实的缓冲层,以便在操作时得到更好的保护。标准扇出件的长度为 1 828.8 mm,其中 1 219.2 mm 是带状光缆,609.6 mm 为彼此分开的单独光纤。光纤和连接器扇出件所在的位置如图 3-5 所示。

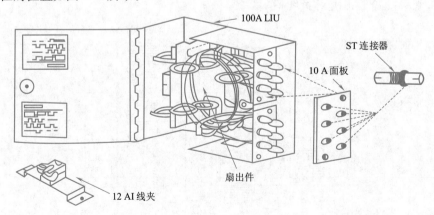

图 3-5　扇出件所在位置

3)光纤互连场

光纤互连场使得每根输入光纤可以通过套箍直接连至输出光纤上。光纤互连场包括若干个模块,每个模块允许 12 根输入光纤与 12 根输出光纤连接起来。如图 3-6 所示的一个光纤互连模块包括两个 100A LIU 和两个 10 A 连接器面板。

光纤互连部件的管理标记按端接场的功能分为两级,即 Level1 和 Level2。

Level1 为互连场,允许一个直接的金属箍把一根输入光纤与另一根输出光纤连接。这是一种典型的点到点的光纤连接,具有光缆间互相连接的功能,通常用于简单的发送器到接收器之间的连接。Level2 为交连场,允许每一条输入光纤通过单光纤跨接线连接到输出光纤,具有光纤交叉连接的功能。

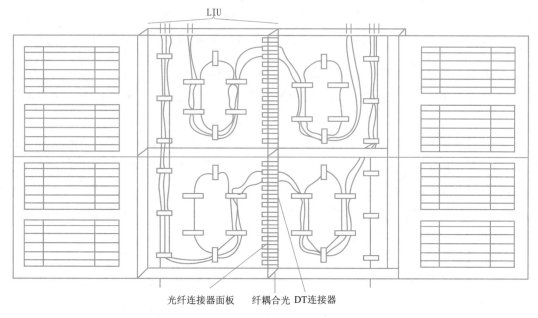

图 3-6 光纤互连模块

习惯上将一条含有多模或单模接头的 $900~\mu\mathrm{m}$ 加固缓冲外套单芯光纤,并带有 ST 或 SC 接头的尾纤软线称为跨接线或跳线,也就是说跨接跳线是两头端接了光纤头的。一般用于光纤交连模块跨接线的单光纤($62.5/125~\mu\mathrm{m}$),互连光缆的推荐长度在 $600\sim9\,000$ mm。这种长度的光缆一般预先接好连接器,而很少在现场安装连接器。

尾纤是一端有接头、一端无接头的光纤,又称"猪尾线"。这种尾纤软线用于室内外电缆到各种工厂制作的终端设备的连接。尾纤只是一边进行了端接,而另一边需要用光纤熔接的办法连接到光缆线路上去,其中无接头端的为熔接端。

4. 光纤连接器现场安装方法

常见的光纤连接器有 ST 型和 SC 型,ST 型是圆头的,SC 型是方头的,其他还有 LC 型、FJ 型、MT-RJ 型以及 VF-45 型微型光纤连接器,有多种光纤连接器的制作方法,如有磨制光纤连接器的方法,这种方法比较烦琐,需要抛光、连接和清除凝固胶体等过程,下面介绍 ST、SC 型光纤连接器现场安装方法,这种方法设计独特,它包括一段预抛光的光纤末端和一种连接结构。该连接结构可提供快速、安全、可靠的光纤端接。连接器前部使用连接面很光的陶瓷套管,以确保光纤的接触,提高耐用性。后部采用弹性套管,可以防止光纤断开。

1)标准 ST 型护套光纤安装方法

图 3-7 所示为标准 ST 型光纤连接器部件结构图。护套光纤现场安装方法如下：

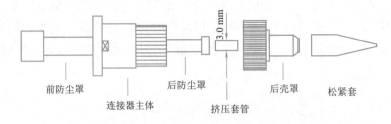

图 3-7　标准 ST 型光纤连接器件结构图

①打开材料袋,取出连接体和后壳罩。

②转动安装平台,使安装平台打开,用所提供的安装平台底座把安装工具固定在一张工作台上。

③把连接体插入安装平台插孔内,释放拉簧朝上。操作时,把连接体的后壳罩向安装平台插孔内推。当前防护罩全部被推入安装平台插孔后,顺时针旋转连接体 1/4 圈,并锁紧在此位置上,防护罩留在上面。

④在连接体的后罩壳上拧紧松紧套(捏住松紧套有助于插入光纤),将后壳罩带松紧套的细端先套在光纤上,挤压套管也沿着芯线方向向前滑。

⑤用剥线器从光纤末端剥去约 40～50 mm 的外护套,护套必须剥干净,端面成直角。

⑥让纱线头离开缓冲层集中向后面,在护套末端的缓冲层上做标记。

⑦在裸露的缓冲层处拿住光纤,把离光纤末端 6 mm 或 11 mm 标记处的 900 缓冲层剥去,操作时握紧护套可防止光纤移动。为了不损坏光纤,从光纤上一小段一小段剥去缓冲层。

⑧用一块沾有酒精的纸或布小心地擦洗裸露的光纤。

⑨将纱线抹向一边,把缓冲层压在光纤切割器上。用镊子取出废弃的光纤,并妥善地置于废物瓶中。

⑩把切割后的光纤插入显微镜的边孔里,检查切割是否合格。操作时,把显微镜置于白色面板上,可以获得更清晰明亮的图像;还可用显微镜的底孔来检查连接体的末端套圈。

⑪从连接体上取下后防尘罩。

⑫检查缓冲层上的参考标记位置是否正确。把裸露的光纤小心地插入连接体内,直到感觉光纤碰到连接体的底部为止,用固定夹子固定光纤。

⑬按压安装平台的活塞,然后慢慢地松开活塞。

⑭把连接体向前推动,并逆时针旋转连接体 1/4 圈,以便从安装平台上取下连接体。把连接体放入打褶工具,并使之平直。用打褶工具的第一个刻槽在缓冲层上的"缓冲褶皱区域"打上褶皱。

⑮重新把连接体插入安装平台插孔内并锁紧。把连接体逆时针旋转 1/8 圈,小心地剪去多余的纱线。

⑯在纱线上滑动挤压套管,保证挤压套管紧贴在连接到连接体后端的扣环上,用打褶工具

中间的槽给挤压套管打褶。

⑰松开芯线,将光纤弄直,推后罩壳使之与前套结合。正确插入时能听到一声轻微的响声,此时可从安装平台上卸下连接体。

2)标准 SC 型护套光纤安装方法

图 3-8 所示为标准 SC 型光纤连接器部件结构图,其护套光纤现场安装方法如下:

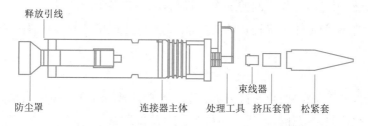

图 3-8　标准 SC 型光纤连接器部件结构图

①打开材料袋,取出连接体和后壳罩。

②转动安装平台,使安装平台打开,用所提供的安装平台底座把这些工具固定在一张工作台上。

把连接体插入安装平台内,释放拉簧朝上。操作时,把连接体的后壳罩向安装平台插孔内推,当防尘罩全部推入安装平台插孔后,顺时针旋转连接体 1/4 圈,并锁紧在此位置上,防尘罩留在上面。

③将松紧套套在光纤上,挤压套管也沿着芯线方向向前滑动。

④用剥线器从光纤末端剥去约 40~50 mm 的外护套,护套必须剥干净,端面成直角。

⑤将纱线头集中拢向 900 缓冲层光纤后面,在缓冲层上做第一个标记(如果光纤细于 2.4 mm,在保护套末端做标记,否则在束线器上做标记),然后在缓冲层上做第二个标记(如果光纤细于 2.4 mm,就在 6 mm 和 17 mm 处做标记,否则就在 4 mm 和 15 mm 处做标记)。

⑥在裸露的缓冲层处拿住光纤,把光纤末端到第一个标记处的 900 缓冲层剥去。操作时,握紧护套可以防止光纤移动。为了不损坏光纤,从光纤上一小段一小段地剥去缓冲层。

⑦用一块沾有酒精的纸或布小心地擦洗裸露的光纤。

⑧将纱线抹向一边,把缓冲层压在光纤切割器上。从缓冲层末端切割出 7 mm 光纤,用镊子取出废弃的光纤,并妥善地置于废物瓶中。

⑨把切割后的光纤插入显微镜的边孔里,检查切割是否合格。操作时,把显微镜置于白色面板上,可以获得更清晰明亮的图像;还可用显微镜的底孔来检查连接体的末端套圈。

⑩从连接体上取下后防尘罩。

⑪检查缓冲层上的参考标记位置是否正确。把裸露的光纤小心地插入连接体内,直到感觉光纤碰到连接体底部为止。

⑫按压安装平台的活塞,保证活塞钩住将要接出的拉簧,然后慢慢地松开活塞。

⑬小心地从安装平台上取出连接体,以松开光纤,把打褶工具松开放置于多用工具突起处并使之平直,使打褶工具保持水平,并适当地拧紧(听到三声轻响)。把连接体装入打褶工具的

第一个槽,用工具突起指到打褶工具的柄,在缓冲层的缓冲褶皱区用力打上褶皱。

⑭抓住处理工具轻轻拉动,使缓冲层部分露出约 8 mm。听到一声轻微的响声时即表明已拉到位,取出处理工具并扔掉。

⑮轻轻朝连接体方向拉动纱线,并使纱线排列整齐,在纱线上滑动挤压套管,将纱线均匀地绕在连接体上,从安装平台上小心地取下连接体,保证挤压套管紧靠在连接体的后端,将挤压套管用力地打上褶皱,用打褶工具中间的那个槽打褶,并剪去多余的纱线。

⑯抓住主体的环,使主体滑入连接体的后部,直到到达连接体的挡位。

⊛ 任务小结

综合布线工程施工是将项目设计的构思变为物理实现的过程。施工质量直接影响网络性能,因此,施工必须按照规范和标准进行,从严要求,确保质量。

项目四 综合布线工程测试与验收

任务一 综合布线工程测试

任务描述

建设方如何保证综合布线系统的工程质量,通常需要通过工程测试和系统验收这两个不可或缺的质量保证环节。本任务介绍工程测试的相关内容,包括工程测试的类型、认证测试的标准和模型、认证测试参数和光纤传输测试技术参数以及常用测试仪表的用途与操作方法。

任务目标

①熟悉工程测试的类型与概念,掌握认证测试的标准和模型。

②掌握认证测试参数,连接图、长度、衰减、串扰、传输时延和延迟偏离以及回波损耗定义、测试标准与方法。

③掌握光纤传输链路测试技术参数的标准和测试方法。

④掌握常用测试仪表的用途,以及相应参数测试的操作步骤。

任务实施

一、认证测试标准与模型

1. 工程测试类型

要保证综合布线工程的施工质量,除了要有一支素质高、经过专门训练、工程经验丰富的施工队伍来完成工程任务外,更重要的是需要建立一套科学有效的测试手段来监督工程施工质量。布线测试一般分为验证测试和认证测试两类。

1)验证测试

验证测试又称随工测试,即边施工边测试。这个方法主要检测线缆的质量和安装工艺,及时发现并纠正所出现的问题,避免整个工程完工时才测试发现问题,重新返工,耗费不必要的人力、财力、物力。验证测试不需要使用复杂测试仪器,只需要能测试接线通断与线缆长度的测试仪表。因在工程竣工检查中,短路、反接、线对交叉、链路超长等问题约占整个工程质量问题的80%左右,这些质量问题在施工初期通过重新端接,调换线缆,修正布线路由等措施较易解决,若等到工程完工验收阶段再做测试来发现问题,解决起来就比较困难,耗时费力。

2)认证测试

认证测试又称验收测试,为所有测试工作最重要环节。通常在工程验收时对布线系统的安装、电气特性、传输性能、工程设计、选材以及施工质量全面检验,认证测试是评价工程质量的主要科学方法。综合布线系统性能不仅取决于优秀的设计方案、优质的工程器材质量,同时也取决于工程施工工艺。认证测试是检验工程设计水平和工程质量总体水平行之有效的手段。

认证测试通常分为自我认证和第三方认证。

(1)自我认证测试

这项测试由施工方自行组织,按照设计施工方案对工程所有链路进行测试,确保每一条链路都符合标准要求。如果发现未达标准的链路,应进行整改,直至复测合格。同时,编制确切的测试技术档案,写出测试报告,交建设方存档。测试记录应当做到准确、完整、规范,便于查阅。由施工方组织的认证测试,可邀请设计、施工监理多方参与,建设单位也应派遣网管人员参加这项测试工作,以便了解整个测试过程,方便日后管理与维护系统。

认证测试是设计、施工方对所承担的工程进行的一个总结性质量检验,施工单位承担认证测试工作的人员应当经过测试仪表供应商的技术培训并获得认证资格。如使用 Fluke 公司的DSP-4000 系列测试仪,必须具有 Fluke 布线系统测试工程师 CCTT 资格认证。

(2)第三方认证测试

布线系统是网络系统的基础性工程,工程质量将直接影响建设方网络能否按设计要求顺利开通运行,能否保障网络系统数据正常传输。随着支持吉比特以太网的超 5 类及 6 类综合布线系统的推广应用和光纤在综合布线系统中的大量应用,工程施工的工艺要求越来越高。越来越多的建设方,既要求布线施工方提供布线系统的自我认证测试,同时也委托第三方对系统进行验收测试,以确保布线施工的质量,这是综合布线验收质量管理的规范。

第三方认证测试通常采用以下两种做法:

①对工程要求高,使用器材类别多,投资较大的工程,建设方除要求施工方要做自我认证测试外,还邀请第三方对工程做全面验收测试。

②建设方在要求施工方做自我认证测试的同时,请第三方对综合布线系统链路作抽样测试。按工程大小确定抽样样本数量,一般 1 000 信息点以上的抽样 30%,1 000 信息点以下的抽样 50%。

衡量、评价综合布线工程的质量优劣,唯一科学、有效的途径就是进行全面现场测试。

2.认证测试标准

测试和验收综合布线工程,须有公认的标准。国际上制订布线测试标准的组织主要有:国际标准化委员会(ISO/IEC),欧洲标准化委员会(CENELEC)和北美的工业技术标准化委员会(TIA/EIA)。我国国家规范标准是《综合布线系统工程验收规范》GB/T 50312—2016。

1) ANSI/TIA/EIA 制定的 TSB-67 现场测试的技术规范

国际第一部通用综合布线系统现场测试的技术规范是 ANSI/TIA/EIA 在 1995 年 10 月发布的 TSB-67《现场测试非屏蔽双绞线(UTP)电缆布线系统传输性能技术规范》,它叙述和规定了电缆布线的现场测试内容、方法和对测试仪表精度的要求。

TSB-67 规范包括以下内容:

①定义了现场测试用的两种测试链路结构。

②定义了 3,4,5 类链路需要测试的传输技术参数(4 个参数:接线图、长度、衰减、近端串扰损耗)。

③定义了在两种测试链路下各技术参数的标准值(阈值)。

④定义了对现场测试仪的技术和精度要求。

⑤现场测试仪测试结果与试验室测试仪器测试结果的比较。

测试涉及的布线系统,通常是在一条缆线的两对线上传输数据,可利用最大带宽为 100 MHz,最高支持 100 Base-T 以太网。

2) ANSI/TIA/EIA-568 现场测试的技术规范

自 TSB—67 发布以来,网络传输速度和综合布线技术进入了高速发展时期,综合布线测试标准也在不断修订和完善中。如为保证 5 类电缆通道能支持吉比特以太网,1999 年 10 月发布的 ANSI/TIA/EIA TSB-95《100 Ω 4 对 5 类线附加传输性能指南》提出了回波损耗、等效远端串扰、综合远端串扰、传输延迟与延迟偏离等吉比特以太网所要求的指标。随着超 5 类 Cat. 5e 布线系统的广泛应用,1999 年 11 月 ANSI/TIA/EIA 又颁布了《100 Ω 4 对增强 5 类布线传输性能规范》,这个现场测试标准被称为 ANSI/TIA/EIA-568-A. 5:2000。

ANSI/TIA/EIA-568-A. 5:2000 的所有测试参数均为强制性的,它包括对现场测试仪精度要求,即Ⅱe 级精度。由于在测试中经常出现回波损耗失败的情况,所以该标准中引入 3 dB 原则。所谓 3 dB 原则就是当回波损耗小于 3 dB 时,可忽略回波损耗(Return Loss)值。这一原则适用于 TIA 和 ISO 标准。

2002 年 6 月 ANSI/TIA/EIA 发布了支持 6 类 Cat. 6 布线标准的 ANSI/TIA/EIA-568-B,标志着综合布线测试标准进入一个新阶段。该标准包括 B. 1、B. 2、B. 3 三部分。B. 1 为商用建筑物电信布线标准总则,包括布线子系统定义、安装实践、链路/通道测试模型及指标;B. 2 为平衡双绞线部分,包含组件规范、传输性能、系统模型以及用户验证电信布线系统的测量程序相关的内容;B. 3 为光纤布线部分,包括光纤、光纤连接件、跳线、现场测试仪规格要求。

ANSI/TIA/EIA-568-B. 2-1 是 ANSI/TIA/EIA-568-B. 2 的增编版,对综合布线测试模型、测试参数以及测试仪器的要求均比 5 类标准要严格,除了对测试内容增加和细化之外,还做了以下一些较大改动。

(1)新术语

把参数"衰减"改名为"插入损耗",测试模型中的基本链路(Basic Link)重新定义为永久链路(Permanent Link)等。

(2)介质类型

①水平电缆为 4 对 100 Ω 3 类 UTP 或 SCTP、4 对 100 Ω 的超 5 类 UTP 或 SCTP、4 对

100 Ω的 6 类 UTP 或 SCTP 2 条或多条 62.5/125 μm 或 50/125 μm 多模光纤。

②主干缆为 3 类或更高 100 Ω 双绞线、62.5/125 μm 或 50/125 μm 多模光纤、单模光纤。

③568-B 标准不认可 4 对 4 类双绞线和 5 类双绞线电缆。

④150 Ω 屏蔽双绞线是认可的介质类型,但不建议在安装新设备时使用。

⑤混合与多股电缆允许用于水平布线,但每条电缆都必须符合相应等级要求,并符合混合与多股电缆的特殊要求。

（3）接插线、设备线与跳线

①对于 24 AWG(0.51 mm)多股导线组成的 UTP 跳接线与设备线的额定衰减率为 20%。采用 26 AWG(0.4 mm)导线的 SCTP 线缆的衰减率为 50%。

②多股线缆由于具有更大的柔韧性,建议用于跳接线装置。

（4）距离变化

①对 UTP 跳接线与设备线,水平永久链路的两端最长为 5 m,以达到 100 m 的总信道距离。

②对于二级干线,中间跳接到水平跳接(1C 到 HC)的距离减为 300 m。从主跳接到水平跳接(MC 到 HC)的干线总距离仍遵循 568-A 标准的规定。

③中间跳接中与其他干线布线类型相连接的设备线和跳接线从"不应"超过 20 m 改为"不得"超过 20 m。

（5）安装规则

①4 对 SCTP 电缆在非重压条件下的弯曲半径规定为电缆直径的 8 倍。

②2 股或 4 股光纤的弯曲半径在非重压条件下是 25 mm,在拉伸过程中为 50 mm。

③电缆生产商应确定光纤主干线的弯曲半径要求。如果无法从生产商获得弯曲半径信息,则建筑物内部电缆在非重压条件下的弯曲半径是电缆直径的 10 倍,在重压条件下是 15 倍。在非重压/重压条件下,建筑物间电缆的弯曲半径应与建筑物内电缆的弯曲半径相同。

④电缆生产商应确定对多对光纤主干线的牵拉力。

⑤2 芯或 4 芯光纤的牵拉力是 222 N。

⑥超 5 类双绞线开绞距离距端接点应保持在 13 mm 以内,3 类双绞线应保持在 75 mm 以内。

3）我国国家综合布线工程验收规范

我国对综合布线系统专业领域的标准和规范的制定工作非常重视,2017 年,住房和城乡建设部颁布新的《综合布线系统工程验收规范》,关于这个标准说明如下:

《综合布线系统工程验收规范》GB/T 50312—2016 为国家标准,自 2017 年 4 月 1 日起实施。其中,第 5.2.5 条为强制性条文,必须严格执行。原《综合布线系统工程验收规范》GB/T 50312—2007 同时废止。

（1）总则

为统一建筑与建筑群综合布线系统工程施工质量检查、随工检验和竣工验收等工作的技术要求,特制定本规范。

本规范适用于新建、扩建和改建建筑与建筑群综合布线系统工程的验收。

综合布线系统工程实施中采用的工程技术文件、承包合同文件对工程质量验收的要求不得低于本规范规定。

在施工过程中,施工单位必须执行本规范有关施工质量检查的规定。建设单位应通过工地代表或工程监理人员加强工地的随工质量检查,及时组织隐蔽工程的检验和验收。

综合布线系统工程应符合设计要求,工程验收前应进行自检测试、竣工验收测试工作。

综合布线系统工程的验收,除应符合本规范外,还应符合国家现行有关技术标准、规范的规定。

(2)环境检查

工作区、电信间、设备间的检查应包括下列内容:

①工作区、电信间、设备间土建工程已全部竣工。房屋地面平整、光洁,门的高度和宽度应符合设计要求。

②房屋预埋线槽、暗管、孔洞和竖井的位置、数量、尺寸均应符合设计要求。

③铺设活动地板的场所,活动地板防静电措施及接地应符合设计要求。

④电信间、设备间应提供 220 V 带保护接地的单相电源插座。

⑤电信间、设备间应提供可靠的接地装置,接地电阻值及接地装置的设置应符合设计要求。

⑥电信间、设备间的位置、面积、高度、通风、防火及环境温、湿度等应符合设计要求。

建筑物进线间及入口设施的检查应包括下列内容:

①引入管道与其他设施如电气、水、煤气、下水道等的位置间距应符合设计要求。

②引入缆线采用的敷设方法应符合设计要求。

③管线入口部位的处理应符合设计要求,并应检查采取排水及防止气、水、虫等进入的措施。

④进线间的位置、面积、高度、照明、电源、接地、防火、防水等应符合设计要求。

有关设施的安装方式应符合设计文件规定的抗震要求。

(3)器材及测试仪表工具检查

器材检验应符合下列要求:

①工程所用缆线和器材的品牌、型号、规格、数量、质量应在施工前进行检查,应符合设计要求并具备相应的质量文件或证书,原出厂检验证明材料、质量文件或与设计不符者不得在工程中使用。

②进口设备和材料应具有产地证明和商检证明。

③经检验的器材应做好记录,对不合格的器件应单独存放,以备核查与处理。

④工程中使用的缆线、器材应与订货合同或封存的产品在规格、型号、等级上相符。

⑤备品、备件及各类文件资料应齐全。

配套型材、管材与铁件的检查要求:

①各种型材的材质、规格、型号应符合设计文件的规定,表面应光滑、平整,不得变形、断裂。预埋金属线槽、过线盒、接线盒及桥架等表面涂覆或镀层应均匀、完整,不得变形、损坏。

②室内管材采用金属管或塑料管时,其管身应光滑、无伤痕,管孔无变形,孔径、壁厚应符合

设计要求。

金属管槽应根据工程环境要求做镀锌或其他防腐处理。塑料管槽必须采用阻燃管槽,外壁应具有阻燃标记。

③室外管道应按通信管道工程验收的相关规定进行检验。

④各种铁件的材质、规格均应符合相应质量标准,不得有歪斜、扭曲、飞刺、断裂或破损。

⑤铁件的表面处理和镀层应均匀、完整,表面光洁,无脱落、气泡等缺陷。

缆线的检验应符合下列要求:

①工程使用的电缆和光缆型号、规格及缆线的防火等级应符合设计要求。

②缆线所附标志、标签内容应齐全、清晰,外包装应注明型号和规格。

③缆线外包装和外护套需完整无损,当外包装损坏严重时,应测试合格后再在工程中使用。

④电缆应附有本批量的电气性能检验报告,施工前应进行链路或信道的电气性能及缆线长度的抽验,并做测试记录。

⑤光缆开盘后应先检查光缆端头封装是否良好。光缆外包装或光缆护套如有损伤,应对该盘光缆进行光纤性能指标测试,如有断纤,应进行处理,待检查合格才允许使用。光纤检测完毕,光缆端头应密封固定,恢复外包装。

⑥光纤接插软线或光跳线检验应符合下列规定:

· 两端的光纤连接器件端面应装配合适的保护盖帽。

· 光纤类型应符合设计要求,并应有明显的标记。

连接器件的检验应符合下列要求:

①配线模块、信息插座模块及其他连接器件的部件应完整,电气和机械性能等指标符合相应产品生产的质量标准。塑料材质应具有阻燃性能,并应满足设计要求。

②信号线路浪涌保护器各项指标应符合有关规定。

③光纤连接器件及适配器使用型号和数量、位置应与设计相符。

配线设备的使用应符合下列规定:

①光、电缆配线设备的型号、规格应符合设计要求。

②光、电缆配线设备的编排及标志名称应与设计相符。各类标志名称应统一,标志位置正确、清晰。

测试仪表和工具的检验要求:

①应事先对工程中需要使用的仪表和工具进行测试或检查,缆线测试仪表应附有相应检测机构的证明文件。

②综合布线系统的测试仪表应能测试相应类别工程的各种电气性能及传输特性,其精度符合相应要求。测试仪表的精度应按相应的鉴定规程和校准方法进行定期检查和校准,经过相应计量部门校验取得合格证后,方可在有效期内使用。

③施工工具,如电缆或光缆的接续工具:剥线器、光缆切断器、光纤熔接机、光纤磨光机、卡接工具等必须进行检查,合格后方可在工程中使用。

现场尚无检测手段取得屏蔽布线系统所需的相关技术参数时,可将认证检测机构或生产厂家附有的技术报告作为检查依据。

对绞电缆电气性能、机械特性、光缆传输性能及连接器件的具体技术指标和要求，应符合设计要求。经过测试与检查，性能指标不符合设计要求的设备和材料不得在工程中使用。

4）其他综合布线测标准

国际标准化委员会 ISO/IEC 推出的布线测试标准有：ISO/IEC 11801：1995、ISO/IEC 11801：2000 和 ISO/IEC 11801：2002，ISO/IEC 11801：2002 和 ANSI/TIA/EIA-568-B 已非常接近。

3.认证测试模型

1）链路类型

综合布线认证测试链路主要是指双绞线水平布线链路。

按照用户对数据传输速率不同的需求，根据不同应用场合对链路分类如下：

①3 类水平链路。使用 3 类双绞数字电缆及同类别或更高类别的器材（接插硬件、跳线、连接插头、插座）进行安装的链路。3 类链路的最高工作频率为 16 MHz。

②5 类水平链路。使用 5 类双绞数字电缆及同类别或更高类别的器材（接插硬件、跳线、连接插头、插座）进行安装的链路。5 类链路的最高工作频率为 100 MHz。

③5e 类水平链路（TIA/EIA-568-B 标准中的 5 类事实上就是增强型 5 类）。使用 5e 类（增强型 5 类、超 5 类）水平链路电缆及同类别或更高类别的器件（接插硬件、跳线、连接插头、插座）进行安装的链路。增强 5 类链路的最高工作频率为 100 MHz。同时使用 4 对芯线时，支持 1000Base-T 以太网工作。

④6 类水平链路。使用 6 类双绞数字电缆及同类别或更高类别的器件（接插硬件、跳线、连接插头、插座）进行安装的链路。6 类链路的最高工作频率为 250 MHz，同时使用 2 对芯线时，支持 1000Base-T 或更高速率以太网工作。最高工作频率，指链路传输工作带宽。

2）认证测试模型

（1）基本链路模型

在 TSB-67 中定义了基本链路（Basic Link）和通道（Channel）两种认证测试模型。基本链路包括 3 部分：最长为 90 m 的建筑物中固定的水平布线电缆、水平电缆两端的接插件（一端为工作区信息插座，另一端为楼层配线架）和两条与现场测试仪相连的 2 m 测试设备跳线。基本链路模型如图 4-1 所示，其中 F 是信息插座至配线架之间的电缆，G、H 是测试设备跳线。F 是综合布线承包商负责安装，链路质量由他们负责，故基本链路又称承包商链路。

（2）通道模型

通道指从网络设备跳线到工作区跳线间端到端的连接，它包括最长为 90 m 的建筑物中固定的水平布线电缆、水平电缆两端的接插件（一端为工作区信息插座，另一端为楼层配线架）、一个靠近工作区的可选的附属转接连接器、最长为 10 m 的在楼层配线架上的两处连接跳线和用户终端连接线，通道最长为 100 m。

通道模型：A 是用户端连接跳线，B 是转接电缆，C 是水平电缆，D 是最大 2 m 的跳线，E 是配线架到网络设备间的连接跳线，B+C 最大长度为 90 m，A+D+E 最大长度为 10 m。通道测试的是网络设备到计算机间端到端的整体性能,是用户所关心的,故通道又称为用户链路,如图4-2所示。

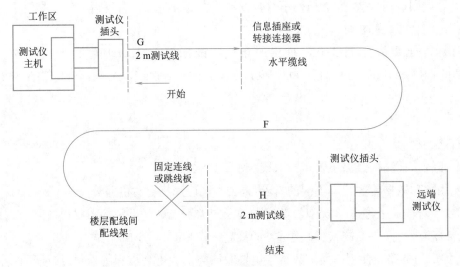

图 4-1　基本链路模型

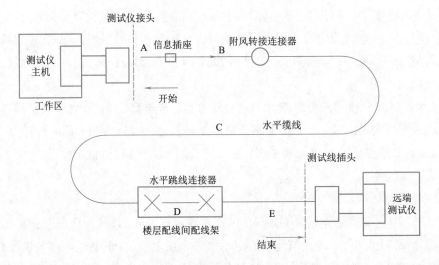

图 4-2　通道链路模型

　　基本链路和通道的区别在于基本链路不含用户使用的跳接电缆(配线架与交换机或集线器间的跳线、工作区用户终端与信息插座间跳线)。测试基本链路时,采用测试仪器专配的测试跳线连接测试仪的接口,而测通道时,直接用链路两端的跳接电缆连接测试仪接口。

　　(3)永久链路模型

　　永久链路模型(Permanent Link)适用于测试固定链路(水平电缆及相关连接器件)性能,链路连接应符合图4-3所示的方式。基本链路包含的两根长各2 m的测试跳线是与测试设备配套使用的,虽然它的品质很高,但随着测试次数增加,测试跳线的电气性能指标可能发生变化并导致测试误差,该误差包含在总的测试结果中,其结果会直接影响到总的测试结果。因此,

ISO/IEC 11801:2002 和 ANSI/TIA/EIA-568-B. 2-1 定义增强 5 类和 6 类标准中,测试模型有重要变化,弃用了基本链路(Basic Link)的定义,而采用永久链路(Permanent Link)的定义。永久链路又称固定链路,它由最长为 90 m 的水平电缆、水平电缆两端的接插件(一端为工作区信息插座,另一端为楼层配线架)和链路可选的转接连接器组成,而基本链路包括两端的 2 m 测试电缆,电缆总计长度为 94 m。

永久链路模型:适用于测试固定链路(水平电缆及相关连接器件)性能。

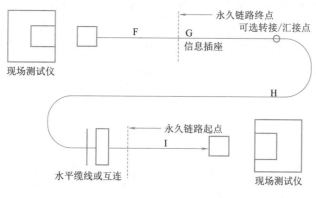

图 4-3　永久链路模型

图中,F 是测试仪跳线;G 是可选转接电缆;H 是插座/接插件或可选转/汇接点及水平跳接间电缆;I 是测试仪跳线;G＋H 的最大长度为 90 m。

永久链路测试模型,用永久链路适配器(如 Fluke DSP-4XXX 系列测试仪为 DSP-LIA101S)连接测试仪表和被测链路,测试仪表能自动扣除 F、I 和 2 m 测试线的影响。排除了测试跳线在测量过程中本身带来的误差,从技术上消除了测试跳线对整个链路测试结果的影响,使测试结果更为准确、科学、合理。

永久链路由综合布线系统工程施工单位负责完成。通常完成布线工程后,所要连接的设备、器件可能还没安装,而且并不是所有的电缆都已连接到设备或器件上,所以综合布线施工单位只向用户提交一份永久链路的测试报告。

从用户角度来说,用于高速网络的传输或其他通信传输时的链路不仅仅要包含永久链路部分,而且还要包括用于连接设备的用户电缆,所以他们希望得到一个通道的测试报告。无论是哪种报告都是为了认证该综合布线的链路是否达到设计的要求,二者只是测试的范围和定义不一样而已,因此永久链路比通道更严格,从而为整条链路或说通道保留余地。在实际测试应用中,选择哪一种测量连接方式应根据需求和实际情况决定。使用通道链路方式更符合使用的情况,但由于它包含用户的设备连线部分,测试较复杂,对于现在的超 5 类和 6 类布线系统,一般工程验收测试都选择永久链路模型进行。

综合布线工程所用测试仪,如 Fluke DSP-4XXX 系列数字式的电缆测试仪,可选配或本身就配置了永久链路适配器。通道的测试需要连接跳线(Patch Cable),对于 6 类跳线必须购买原生产厂商的产品。

二、认证测试参数

综合布线工程测试内容主要包括 3 方面：工作区到设备间的连通状况测试、主干线连通状况测试和跳线测试。每项测试内容主要测试以下参数：信息传输速率、衰减、距离、接线图和近端串扰等。一般来说，电缆级别越高需要测试的指标参数就越多，如 5 类布线系统只需要测试接线图、长度、衰减、近端串扰等项目，而 6 类布线系统的测试内容则在 5 类布线系统的基础之上，增加了衰减与近端串扰比、综合近端串扰等多个项目。下面具体介绍各测试参数的内容。

1. 连接图

接线图（Wire Map）是验证线对连接正确与否的一项基本检查。综合布线可采用 T568A 和 T568B 两种端接方式，二者的线序固定，不能混用和错接，如图 4-4 所示。

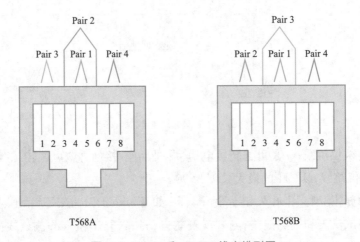

图 4-4　T568A 和 T568B 线序排列图

T568A 的线序定义依次为 1—白绿、2—绿、3—白橙、4—蓝、5—白蓝、6—橙、7—白棕、8—棕。

T568B 的线序定义依次为 1—白橙、2—橙、3—白绿、4—蓝、5—白蓝、6—绿、7—白棕、8—棕。

正确的线对连接为：1 对 1、2 对 2、3 对 3、4 对 4、5 对 5、6 对 6、7 对 7、8 对 8，当接线正确时，测试仪显示接线图测试"通过"。在布线施工过程中，由于端接技巧和放线穿线技术等原因会产生开路、短路、反接、错对等接线错误，当出现不正确连接时，测试仪指示接线有误，测试仪显示接线图测试"失败"，并显示错误类型。

在实际工程中接线图的错误类型可能主要有以下情况：

①开路。

②短路。

③反接。同一线对在两端针位接反，如一端的 4 接在另一端的 5 位，一端的 5 接在另一端的 4 位。

④跨接。将一对线对接到另一端的另一线对上，常见的跨接错误是 1、2 线对与 3、6 线对的跨接，这种错误往往是由于两端的接线标准不统一造成的，一端用 T568A，而另一端用 T568B。

⑤线芯交叉。反接是同一线对在两端针位接反，而线芯交叉是指不同线对的线芯发生交叉

连接,形成一个不可识别的回路,如1、2线对与3、6线对的2和3线芯两端交叉。

⑥串绕线对。指将原来的两对线对分别拆开后又重新组成新的线对。这是产生极大串扰的错误连接,这种错误对端对端的连通性不产生影响,用普通的万用表不能检查故障原因,只有专用的电缆测试仪才能检测出来。如使用 Fluke DSP-4000 线缆测试仪测试的几种接线图错误类型,如图4-5所示。

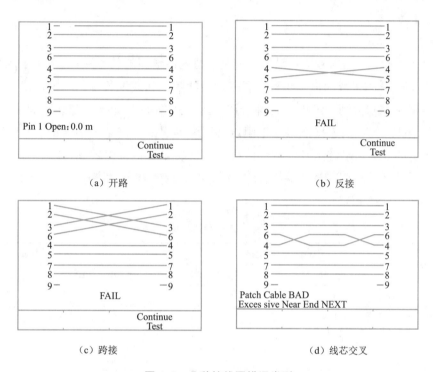

图 4-5　几种接线图错误类型

2. 长度

电缆长度测试可以反映电缆布线长度。工业布线标准规定:从电信间的端接点到工作区的端接点的永久性水平布线最大长度是 90 m,另外还要为接插软线、跳线和设备软线预留出 10 m,因此整个水平布线通道的全部长度为 100 m。

电缆测试仪可以测量已敷设通信电缆的长度,电缆测试仪测试的是电子长度,这个测试建立在链路往返传播延迟的基础上。测试仪向电缆发出一个脉冲后,测量脉冲返回测试仪的时间。为了精确测量电缆的长度,必须知道信号在电缆中的传输速度。信号在电缆中的传输速度被称为定额传播速率(NVP),NVP 的值使我们可以通过时间间隔测算电缆的传输长度。在 5 类电缆中,信号的传输速度约为 8 in/ns,测试出的时间除以 2,然后与 NVP 值相乘就得出电缆的长度。5 类电缆的常用 NVP 值是光速的 69%。

测量的长度是否精确取决于 NVP 值。因此,应该用一个已知的长度数据(必须在 15 m 以上)来校正测试仪的 NVP 值。但 TDR 的精度很难达到 2% 以内,同时,在同一条电缆的各线对间的 NVP 值,也有 4%～6% 的差异。另外,双绞线线对实际长度也比一条电缆自身要长一些。在较长的电缆里运行的脉冲被会变形成锯齿状,这也会产生几纳秒的误差。这些都是影响

TDR 测量精度的原因。

测试仪发出的脉冲波宽约为 20 ns,而传播速率约为 3 ns/m,因此该脉冲波行至 6 m 处时才是脉冲波离开测试仪的时间。这也就是测试仪在测量长度时的"盲区",放在测量长度时将无法发现这 6 m 内可能发生的接线问题(因为还没有回波)。

测试仪也必须能同时显示各线对的长度。如果只能得到一条电缆的长度结果,并不表示各线对都是同样的长度。

3. 衰减

衰减(Attenuation)是信号能量沿基本链路或通道传输损耗的量度,它取决于双绞线电阻、分布电容、分布电感的参数和信号频率。衰减量会随频率和线缆长度的增加而增大,其度量单位为 dB。信号衰减增大到一定程度时,将会引起链路传输的信息不可靠。引起衰减的原因还有集肤效应、阻抗不匹配、连接点接触电阻以及温度等因素。表 4-1 中给出了 GB/T 50312—2016 标准规定的 5 类水平链路及信道性能指标。从表 4-1 中可以看到,在基本链路测试模型中,100 MHz 传输信号要求衰减值不能大于 21.6 dB;在信道测试模型中,100 MHz 传输信号要求衰减值不能大于 24 dB。

表 4-1 5 类水平链路及信道性能指标

频率(MHz)	基本链路性能指标		信道性能指标	
	近端串音(dB)	衰减(dB)	近端串音(dB)	衰减(dB)
1.00	60.0	2.1	60.0	2.5
4.00	51.8	4.0	50.6	4.5
8.00	47.1	5.7	45.6	6.3
10.00	45.5	6.3	44.0	7.0
16.00	42.3	8.2	40.6	9.2
20.00	40.7	9.2	39.0	10.3
25.00	39.1	10.3	37.4	11.4
31.25	37.6	11.5	35.7	12.8
62.50	32.7	16.7	30.6	18.5
100.00	29.3	21.6	27.1	24.0
长度(m)	29		100	

4. 串扰

1)近端串扰损耗(NEXT)

当信号在一条通道中某线对传输时,由于平衡电缆互感和电容的存在,同时会在相邻线对中感应一部分信号,这种现象称为串扰。串扰分为近端串扰(Near End Crosstalk,NEXT)和远端串扰(Far End Crosstalk,FEXT)两种。

近端串扰是出于线缆一侧的某发送线对的信号对同侧的其他相邻(接收)线对通过电磁感应造成的信号耦合。近端串扰与线缆类别、端接工艺和频率有关,双绞线的两条导线绞合在一起后,因为相位相差 180°而抵消相互间的信号干扰,绞距越紧抵消效果越好,也就越能支持较高的数据传输速率。

近端串扰是用近端串扰损耗值来度量的,近端串扰损耗定义为导致该串扰的发送信号值(dB)与被测线对上发送信号的近端串扰值(dB)之差值(dB)。人们总是希望被测线对的被串扰的程度越小越好,某线对受到越小的串扰意味着该线对对于外界串扰具有越大的损耗能力,也就是导致该串扰的发送线对的信号在被测线对上的测量值越小(表示串扰损耗越大),这就是为什么不直接定义串扰,而定义成串扰损耗的原因所在。所以测量的近端串扰值越大,表示受到的串扰越小,测量的近端串扰值越小,表示受到的串扰越大。

近端串扰损耗的测量,应包括每一个线缆通道两端的设备接插软线和工作区电缆在内,近端串扰并不表示在近端点所产生的串扰,它只表示在近端所测量到的值,测量值会随电缆的长度不同而变化,电缆越长,近端串扰值越小。实践证明在 40 m 内测得的近端串扰值是真实的,并且近端串扰损耗应分别从通道的两端进行测量,现在的测试仪都具有能在一端同时进行两端的近端串扰的测量功能。

近端串扰损耗是在信号发送端(近端)测量的来自其他线对泄漏过来的信号,对于双绞线电缆链路来说,近端串扰损耗是一个关键的性能指标,也是最难精确测量的一个指标,尤其是随着信号频率的增加,其测量难度会增大。表 4-2 列出不同类线缆在不同频率、不同链路方式下,允许最小串扰损耗值。

表 4-2　最小近端串扰损耗表

频率 (MHz)	3 类(dB)		5 类(dB)		5e 类(dB)		6 类(dB)	
	通道链路	基本链路	通道链路	基本链路	通道链路	基本链路	通道链路	基本链路
1.0	39.1	40.1	＞60.0	＞60.0	63.3	64.2	65.0	65.0
4.0	29.3	30.7	50.6	51.8	53.6	54.8	63.0	64.1
8.0	24.3	25.9	45.6	47.1	48.6	50.0	58.2	59.4
10.0	22.7	24.3	44.0	45.5	47.0	48.5	56.6	57.8
16.0	19.3	21.0	40.6	42.3	43.6	45.2	53.2	54.6
20.0			39.0	40.7	42.0	43.7	51.6	53.1
25.0			37.4	39.1	40.4	42.1	50.0	51.5
31.25			35.7	37.6	38.7	40.6	48.4	50.0
62.5			30.6	32.7	33.6	35.7	42.4	45.1
100.0			27.1	29.3	30.1	32.3	39.9	41.8
200.0							34.8	36.9
250.0							33.1	35.3

对于近端串扰的测试,采样样本越大,步长越小,测试就越准确。TIA/EIA-568-B.2-1 定义了近端串扰损耗测试时的最大频率步长,如表 4-3 所示。

表 4-3　最大频率步长表

频率(MHz)	最大采样步长(MHz)	频率段(MHz)	最大采样步长(MHz)
1~31.25	0.15	100~250	0.5
31.26~100	0.25		

2)综合近端串扰

综合近端串扰(Power Sun NEXT,PSNEXT)是一对发送信号的线对对被测线对在近端的串扰,实际上,在 4 对型双绞线电缆中,若其他 3 对线对都发送信号时会对被测线对产生的串扰。因此在 4 对型电缆中,3 个发送信号的线对向另一相邻接收线对产生的总串扰就称为综合近端串扰。

综合近端串扰值是双绞线布线系统中的一个新的测试指标,在 3 类、4 类和 5 类电缆中都没有要求,只有 5e 类和 6 类电缆中才要求测试 PSNEXT,这种测试在用多个线对传送信号的 100Base-T 和 1000Base-T 等高速以太网中非常重要。因为电缆中多个传送信号的线对把更多的能量耦合到接收线对,在测量中综合近端串扰值要低于同种电缆线对间的近端串扰值,比如 100 MHz 时,5e 类通道模型下综合近端串扰最小极限值为 27.1 dB,而近端串扰最小极限值为 30.1 dB。相邻线对综合近端串扰限定值如表 4-4 所示。

表 4-4　综合近端串扰最小极限值一览表

频率(MHz)	5e 类(dB)		6 类(dB)	
	通道链路	基本链路	通道链路	基本链路
1.0	57.0	57.0	62.0	62.0
4.0	50.6	51.8	60.5	61.8
8.0	45.6	47.0	55.6	57.0
10.0	44.0	45.5	54.0	55.5
16.0	40.6	42.2	50.6	52.2
20.0	39.0	40.7	49.0	50.7
25.0	37.4	39.1	47.3	49.1
31.25	35.7	37.6	45.7	47.5
62.5	30.6	32.7	40.6	42.7
100.0	27.1	29.3	37.1	39.3
200.0			31.9	34.3
250.0			30.2	32.7

3)衰减与串扰比

衰减与串扰比(Attenuation-to-Crosstalk Ratio,ACR)通信链路在信号传输时,衰减和串扰都会存在,串扰反映电缆系统内的噪声,衰减反映线对本身的传输质量,这两种性能参数的混合效应(信噪比)可以反映出电缆链路的实际传输质量。用衰减与串扰比来表示这种混合效应,衰减与串扰比定义为:被测线对受相邻发送线对串扰的近端串扰损耗值与本线对传输信号衰减值的差值(单位为 dB),即

$$ACR(dB)=NEXT(dB)-Attenuation(dB)$$

近端串扰损耗越高而衰减越小,则衰减与扰比越高,一个高的衰减与串扰比意味着干扰噪声强度与信号强度相比微不足道。因此衰减与串扰比越大越好。

衰减、近端串扰和衰减与串扰比都是频率的函数,应在同一频率下计算,5e 类通道和永久

链路必须在 1 MHz～100 MHz 频率范围内测试;6 类通道和永久链路在 1 MHz～250 MHz 频率范围内测试,最小值必须大小 0 dB,当 ACR 接近 0 dB 时,链路就不能正常工作。衰减与串扰比反映了在电缆线对上传送信号时,在接收端收到的衰减过的信号中有多少来自串扰的噪声影响,它直接影响误码率,从而决定信号是否需要重发。

综合衰减与串扰比(PSACR)是以表示的综合近端串扰与以 dB 表示的衰减的差值,同样,它不是一个独立的测量值,而是在同一频率下衰减与综合近端串扰的计算结果。

4)远端串扰与等效远端串扰

与 NEXT 定义相类似,远端串扰(FEXT)是信号从近端发出,而在链路的另一侧(远端)发送信号的线对向其同侧其他相邻(接收)线对通过电磁感应耦合而造成的串扰。与 NEXT 一样定义为串扰损耗,因为信号的强度与它所产生的串扰及信号的衰减有关,所以电缆长度对测量到的 FEXT 值影响很大,FEXT 并不是一种很有效的测试指标,在测量中是用 ELFEXT 值的测量代替 FEXT 值的测量。

等效远端串扰(Equal Level FEXT,ELFEXT)是指某线对上远端串扰损耗与该线路传输信号的衰减差,又称为远端 ACR。减去衰减后的 FEXT 又称为同电位远端串扰,它比较真实地反映为远端的串扰值。

$$\text{ELFEXT(dB)} = \text{FEXT(dB)} - A\text{(dB)} \quad (A\ 为受串扰接收线对的传输衰减)$$

等效远端串扰最小限定值如表 4-5 所示。

表 4-5　等效远端串扰损耗最小限定值

频率(MHz)	5 类(dB)		5e 类(dB)		6 类(dB)	
	通道链路	基本链路	通道链路	基本链路	通道链路	基本链路
1.0	57.0	59.6	57.4	60.0	63.3	64.2
4.0	45.0	47.6	45.3	48.0	51.2	52.1
8.0	39.0	41.6	39.3	41.9	45.2	46.1
10.0	37.0	39.6	37.4	40.0	43.3	44.2
16.0	32.9	35.5	33.3	35.9	39.2	40.1
20.0	31.0	33.6	31.4	34.0	37.2	38.2
25.0	29.0	31.6	29.4	32.0	35.3	36.2
31.25	27.1	29.7	27.5	30.1	33.4	34.3
62.5	21.5	23.7	21.5	24.1	27.3	28.3
100.0	17.0	17.0	17.4	20.0	23.3	24.2
200.0					17.2	18.2
250.0					15.3	16.2

5)综合等效远端串扰

综合等效远端串扰(Power Sun ELFEXT,PSELFEXT)是几个同时传输信号的线对在接收线对形成的串扰总和。综合是指在电缆的远端测量到的每个传送信号的线对对被测线对串扰能量的和,综合等效远端串扰损耗是一个计算参数,对 4 对 UTP 而言,它组合了其他 3 对远端串扰对第 4 对的影响,这种测量具有 8 种组合。表 4-6 中列出了不同频率下综合等效远端串扰损耗情况。

表 4-6　综合等效远端串扰极限值表

频率(MHz)	5 类(dB)	5e 类(dB)		6 类(dB)	
		通道链路	基本链路	通道链路	基本链路
1.0	54.4	54.4	57.0	60.3	61.2
4.0	42.6	42.4	45.0	48.2	49.1
8.0	36.4	36.3	38.9	42.2	43.1
10.0	34.4	34.4	37.0	40.3	41.2
16.0	30.3	30.3	32.9	36.2	37.1
20.0	28.4	28.4	31.0	34.2	35.2
25.0	26.4	26.4	29.0	32.3	33.2
31.25	24.5	25.4	27.1	30.4	31.3
62.5	18.5	18.6	21.1	24.3	25.3
100.0	14.4	14.4	17.0	20.3	21.5
200.0				14.2	15.2
250.0				12.3	13.2

5. 传输延迟和延迟偏离

传输延迟(Propagation Delay)是信号在电缆线对中传输时所需要的时间。传输延迟随着电缆长度的增加而增加,测量标准是指信号在 100 m 电缆上的传输时间,单位是纳秒(ns),它是衡量信号在电缆中传输快慢的物理量。5e 类通道最大传输延迟在 10 MHz 不超过 555 ns,基本链路的最大传输延迟在 10 MHz 不超过 518 ns;6 类通道最大传输延迟在 10 MHz 不超过 555 ns,所有永久链路的最大传输延迟在 100 MHz 不超过 538 ns,在 250 MHz 不超过 498 ns。

延迟偏离(Delay Skew)是指同一 UTP 电缆中传输速度最快的线对和传输速度最慢线对的传输延迟差值,它以同一缆线中信号传播延迟最小的线对的时延值作为参考,其余线对与参考线对都有时延差值,最大的时延差值即是电缆的延迟偏离。

延迟偏离对 UTP 中 4 对线对同时传输信号的 100Base-T 和 1000 Base-T 等高速以太网中非常重要,因为信号传送时在发送端分组到不同线对并行传送,到接收端后重新组合,如果线对间传输的时差过大接收端就会丢失数据,从而影响信号的完整性而产生误码。

6. 回波损耗

回波损耗(RL)是线缆与接插件构成布线链路阻抗不匹配导致的一部分能量反射。当端接阻抗(部件阻抗)与电缆的特性阻抗不一致偏离标准值时,在通信链路上就会导致阻抗不匹配。阻抗的不连续性引起链路偏移,电信号到达链路偏移区时,必须消耗掉一部分来克服链路偏移,这样会导致两个后果,一个是信号损耗,另一个是少部分能量会被反射回发送端。被反射到发送端的能量会形成噪声,导致信号失真,降低了通信链路的传输性能。

回波损耗的计算公式为:回波损耗=发送信号/反射信号。

从式中可看出,回波损耗越大,则反射信号越小,表明通道采用的电缆和相关连接硬件阻抗一致性越好,传输信号越完整,在通道上的噪声越小,因此回波损耗越大越好。

TIA/EIA 和 ISO 标准中对布线材料的特性阻抗做出了定义,常用 UTP 的特性阻抗为100 Ω,但不同厂商,或同一厂商不同批次产品都有允许范围内的不等的偏离值,因此在综合布线工程中,建议采购同一厂商、同一批生产的双绞线电缆和接插件,以保证整条通信链路特性阻抗的匹配性,减少回波损耗和衰减。在施工过程中端接不规范、布放电缆时出现牵引用力过大或踩踏线缆等原因,都可能引起电缆特性阻抗变化,从而发生阻抗不匹配现象,因此要文明施工,规范施工,提高施工质量,减少阻抗不匹配现象发生。表 4-7 中列出了不同链接模型在不同频率下的回波损耗极限值。

表 4-7　不同频率下回波损耗极限值表

频率(MHz)	3 类(dB)	5e 类(dB)		6 类(dB)	
		通道链路	基本链路	通道链路	基本链路
1.0	18.0	17.0	17.0	19.0	19.0
4.0	18.0	17.0	17.0	19.0	21.0
8.0	18.0	17.0	17.0	19.0	21.0
10.0	18.0	17.0	17.0	19.0	21.0
16.0	15.0	17.0	17.0	18.0	20.0
20.0		17.0	17.0	17.5	19.5
25.0		16.0	16.3	17.0	19.0
31.25		15.1	15.6	16.5	18.2
62.5		12.1	13.2	14.0	16.0
100.0		10.0	12.1	12.0	14.0
200.0				9.0	11.0
250.0				8.0	10.0

三、光纤传输链路测试技术参数

对光缆进行测试,测试目的是为了检测光缆敷设和端接是否正确。光缆测试类型主要包括衰减测试和长度测试,其他还有带宽测试和故障定位测试。带宽是光纤链路性能的另一个重要参数,但光纤安装过程中一般不会影响这项性能参数,所以在验收测试中很少进行带宽性能检查。

光缆性能测试规范的标准主要来自 ANSI/TIA/EIA-568-A 和 ANSI/TIA/EIA-568-B.3标准,这些标准对光缆性能和光纤链路中的连接器和接续的损耗都有详细的规定(在以下叙述中若两个标准一样,则用 ANSI/TIA/EIA-568 表示)。最新的光缆标准 TIA TSB-140 已于2004 年 2 月颁布,它对光缆定义了两个级别(Tier1 和 Tier2)的测试。

光纤有多模和单模之分,对于多模光纤,ANSI/TIA/EIA-568 规定了 850 nm 和 1 300 nm两个波长,因此要用 LED 光源对这两个波段进行测试。对于单模光纤 ANSI/TIA/EIA-568 规定了 1 310 nm 和 1 550 nm 两个波长,要用激光光源对这两个波段进行测试。

1. 光缆测试链路长度

(1)水平光缆链路

水平光缆链路从水平跳接点到工作区插座间最大长度为 100 m,它只需 850 nm 和 1 300 nm要在一个波长单方向进行测试。

(2)主干多模光缆链路

①主干多模光缆链路应该在 850 nm 和 1 300 nm 波段进行单向测试,链路在长度上有如下要求:

a. 从主跳接到中间跳接的最大长度是 1 700 m。

b. 从中间跳接到水平跳接最大长度是 300 m。

c. 从主跳接到水平跳接的最大长度是 2 000 m。

②主干单模光缆链路应该在 1 310 nm 和 1 550 nm 波段进行单向测试,链路在长度上有如下要求:

a. 从主跳接到中间跳接的最大长度是 2 700 m。

b. 从中间跳接到水平跳接最大长度是 300 m。

c. 从主跳接到水平跳接的最大长度是 3 000 m。

2. 光纤损耗参数

光纤链路包括光纤布线系统两个端接点之间的所有部件,这些部件都定义为无源器件,包括光纤、光纤连接器和光纤接续子。必须对链路上的所有部件进行损耗测试,因为链路距离较短波长有关的衰减可以忽略,光纤连接器损耗和光纤接续子损耗是水平光纤链路的主要损耗。

(1)光纤损耗参数

①ANSI/TIA/EIA-568-A 规定了 62.5/125 μm 多模光纤的损耗参数:

a. 在 850 nm 的最大损耗是 3.75 dB/km。

b. 在 1 300 nm 的最大损耗是 15 dB/km。

②ANSI/TIA/EIA-568-B.3 规定了 62.5/125 μm 和 50/125 μm 多模光纤的损耗参数:

a. 在 850 nm 的最大损耗是 3.5 dB/km。

b. 在 1 300 nm 的最大损耗是 1.5 dB/km。

③ANSI/TIA/EIA-568-A 规定了单模光纤的损耗参数:

a. 紧套光缆在 1 310 nm 和 1 550 nm 的最大损耗是 1.0 dB/km。

b. 松套光缆在 1 310 nm 和 1 550 nm 的最大损耗是 0.5 dB/km。

(2)连接器和接续子的损耗参数

①ANSI/TIA/EIA-568 标准规定光纤连接器对的最大损耗为 075 dB。

②ANSI/TIA/EIA-568 标准规定所有光纤接续(机械或熔接型)的最大损耗为 0.75 dB。

四、常用测试仪表

1. 测试仪表性能要求

网络综合布线测试仪主要采用模拟和数字两类测试技术,模拟技术是传统的测试技术,主要采用频率扫描来实现,即每个测试频点都要发送相同频率的测试信号进行测试。数字技术则是通过发送数字信号完成测试。数字周期信号都是由直流分量和 K 次谐波之和组成,这样通过相应的信号处理技术可以得到数字信号在电缆中的各次谐波的频谱特性。

对于 5e 类和 6 类综合布线系统,现场认证测试仪必须符合 ANSI/TIA/EIA-568-B. 2-1 或 ISO/IEC 11801:2002 的要求。一般要求测试仪应能同时具有认证精度和故障查找能力,在保证精确测定综合布线系统各项性能指标的基础上,能够快速准确地故障定位,而且操作使用简单。

1)测试仪的基本要求

①精度是综合布线测试仪的基础,所选择的测试仪既要满足永久链路认证精度,又要满足通道的认证精度。测试仪的精度是有时间限制的,精度的测试仪必须在使用一定时间后进行校准。

②精确的故障定位及快速的测试速度,带有远端器的测试仪 6 类电缆时,近端串扰应进行双向测试,即对同一条电缆必须测试两次;而带有智能远端测试仪,可实现双向测试一次完成。

③测试结果可与计算机连接在一起,把测试数据传送入计算机,以便打印输出与保存。

2)测试仪的精度

测试仪的精度决定了测试仪对被测链路的可信程度,即被测链路是否真的达到测试标准的要求。在 ANSI/TIA/EIA-568-B. 2-1 附录 B 中给出了永久链路、基本链路和通道的性能参数,以及对衰减和近端串扰测量精度的计算。一般测试 5 类电气性能,测试仪要求达到 UL 规定的第Ⅱ级精度,超 5 类测试仪的精度也只要求到第Ⅱe 级精度就可以了,但 6 类要求测试仪精度达到第Ⅲ级精度。因此综合布线认证测试,最好都使用Ⅲ级精度的测试仪。如何保证测试仪精度的可信度,厂商通常是通过获得第三方专业机构的认证来说明,如美国安全检测实验室的 UL 认证,ETL SEMKO 是 Intertek Testing Services 有限公司的一部分,该公司是世界上最大的产品和日用品检验组织,ETL SEMKO 提供了对产品安全性的检测和认证,Fluke DSP-4x00 系列产品都获得了 UL、ETL SEMKO 的Ⅲ级精度认证。

理想的电缆测试仪器首先应在性能指标上同时满足通道和永久链路的Ⅲ级精度要求,同时在现场测试中还要有较快的测试速度。在要测试成百上千条链路的情况下,测试速度中相差几秒都将对整个综合布线的测试时间产生很大的影响,并将影响用户的工程进度。此外,测试仪能故障定位也是十分重要的,因为测试目的是要得到良好的链路,而不仅仅是辨别好坏。测试仪能迅速告诉测试人员在一条坏链路中的故障部件的位置,从而迅速加以修复。其他考虑的方面还有:测试仪应支持近端串扰的双向测试、测试结果可转储打印,操作简单且使用方便,以及支持其他类型电缆的测试。

6 类链路的性能要求很高,近端串扰余量只有 25 dB。6 类通道施工专业工具如卡线钳、打线刀、拨线指环等是决定链路性能的关键因素。如果施工工艺略有差错,测试的结果就可能失败。

在使用 6 类测试仪测试某个厂商的 6 类通道或永久链路时,必须使用该厂商专用测试连接路线连接测试仪和被测系统(该路线应在购买测试仪时,由测试仪厂商提供。如 DSP-4000 系列永久链路适配器 DSP-LIA101 和 OMNScanner 系统永久链路适配器 OMNI-LIA101)。即不同厂商的 6 类之间互不兼容,如 SYSTIMAX GigaSPEED 系统应使用 GigaSPEED 专用跳线连接。

为了兼容各个厂家的 6 类产品,测试仪公司生产了多种 6 类"专用适配器"。所谓"专用"是指,所有的电缆链路中必须是同一厂家的 6 类产品。来自不同厂商的元件可以互用的可能性很小,特别是接插件、甚至在支持的带宽上都存在差别。当使用 A 厂商的 6 类 8 芯插头插入 B 厂商的 6 类插座,这种连接很可能达不到 6 类的传输性能指标。也就是说,在当时的情况下,用户在工程中安装的这些 6 类系统必须是同一家的产品才会有保障。同样的问题也影响了测试,不使用符合厂家标准的测试仪测试结果是有问题的,也是不被认可的。所以测试哪个厂家产品组成的链路,就需要配置和该厂家相匹配的 6 类测试器,这在当时应该是测试 6 类的最合理的解决办法。但是,最终的解决办法只有一个,那就是需要有一个统一的标准,对所有的厂家进行约束。

3)远端接头补偿功能

不同长度的通道会给出不同数量的反射串扰,使用数字信号处理(DSP)技术,测试仪能够排除通道连接点的串扰。但是,当测试 NEXT 时,测试仪只排除了近端的串扰,而没有排除远端对 NEXT 测试的影响。这在测试较短链路,如 20 m 或更短,或远端接头串扰过大的链路时,就成为一个严重的问题。这是因为远端的接头此时已足够近,而对整体测试产生很大的影响。多数情况下如此短的链路其测试结果会失败或余量很小。远端接头产生的过多串扰就是问题的原因,而不是因为安装问题。这对 5 类和超 5 类链路不成问题,但对于 NEXT 测试要求极为严格的 6 类链路,就会出现问题,这一问题已反映在标准精度的要求上。对通道测试,250 MHz处最大允许误差约为 ± 4.2 dB。DSP-4x00 系统测试仪采用数学算法,可排除远端接头产生的串扰。

2. 验证测试仪表

验证测试仪在施工过程中由施工人员边施工边测试,以保证所完成的每一个连接的正确性。此时只测试电缆的通断、长度等项目的测试。下面介绍 4 种典型的验证测试仪表。

①简易布线通断测试仪如图 4-6 所示,这是最简单的电缆通断测试仪,包括主机和远端机,测试时,线缆两端分别连接上主机和远端机,根据显示灯的闪烁次序就能判断双绞线 8 芯线的通断情况,但不能定位故障点的位置。

②MicroMapper(电缆线序检测仪)如图 4-7 所示。这是小型手持式验证测试仪,可以方便地验证双绞线电缆的连通性,包括检测开路、短路、跨接、反接以及串扰等问题。只需按动测试(TEST)按钮电缆线序检测仪就可以自动地扫描所有线对并发现所有存在的线缆问题。当与音频探头(MicroProbe)配合使用时,MicroMapper 内置的音频发生器

图 4-6　简易布线通断测试仪

可追踪到穿过墙壁、地板、天花板的电缆。电缆线序检测仪还配一个远端,因此一个人就可以方便地完成电缆和用户跳线的测试。

③MicroScanner Pro(电缆验证仪)如图4-8所示。这是一个功能强大、专为防止以及解决电缆安装问题而设计的工具,它可以检测电缆的通断、电缆的连接线序和电缆故障的位置。MicroScannerPro可以测试同轴线(RG6,RG59等 CATV/CCTV 电缆)以及双绞线(UTP/STP/ScTP),并可诊断其他类型的电缆,如语音传输电缆、网络安全电缆或电话线。它产生4种音调来确定墙壁中、天花板上或配线间中电缆的位置。

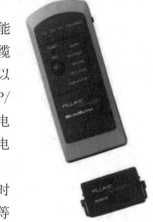

④Fluke620 是一种单端电缆测试仪(见图4-9),进行电缆测试时不需在电缆的另一端连接远端单元即可进行电缆的通断、距离、串扰等测试。这样不必等到电缆全部安装完毕就可以开始测试,发现故障可以立即得到纠正,省时又省力,如果使用远端单元还可查出接线错误以及电缆的走向等。

图 4-7　电缆线序检测仪

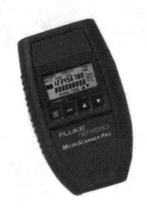

图 4-8　电缆验证仪　　　　图4-9　单端电缆测试仪

3.认证测试仪表

1)认证测试环境要求

为保证综合布线系统测试数据准确可靠,对测试环境有着严格规定。

(1)无环境干扰。综合布线测试现场应无产生严重电火花的电焊、电钻和产生强磁干扰的设备作业,被测综合布线系统必须是无源网络,测试时应断开与之相连的有源、无源通信设备,以避免测试受到干扰或损坏仪表。

(2)测试温度要求。综合布线测试现场的温度宜在 20～30 ℃左右,湿度宜在 30%～80%,由于衰减指标的测试受测试环境温度影响较大,当测试环境温度超出上述范围时,需要按有关规定对测试标准和测试数据进行修正。

(3)防静电措施。我国北方地区春、秋季气候干燥,湿度常常在 10%～20%,验收测试经常需要照常进行,湿度在 20%以下时,静电火花时有发生,不仅影响测试结果的准确性,甚至可能使测试无法进行或损坏仪表。这种情况下,一定注意对测试者和持有仪表者采取防静电措施。

2）认证测试仪选择

工程中常用的Ⅲ级测试精度的测试仪主要有：Fluke DSP-4x00、Agilent WireScope 350、Microtexe OMNIScanner/OMNIScanner II、MicrotextP/N 8222-10（GigaSPEED-8）、Microtex-tP/N 8222-05（110A）和 8222-06（110B）等产品。这里将主要介绍广泛使用的 Fluke DSP-4x00系列数字电缆测试仪。

3）Fluke DSP-4x00 数字式电缆测试仪

Fluke 公司第一台数字式电缆测试仪是 1995 年推出的 DSP-100，随后陆续推出了 DSP-4x00系列产品，包括 DSP-4000、DSP-4100 和 DSPW300 等型号，数字式综合电缆测试仪是手持式工具，获得 UL 和 ETL 双重Ⅲ级精度认证，能满足 ANSI/TIA/EIA-568-B 规定的 3 类、4 类、5 类、6 类及 ISO/IEC 11801 规定的 B、C、D、E 级通道进行认证和故障诊断的精度要求。它可以应用于综合布线工程、网络管理及维护等多方面。图 4-10 所示为 DSP-4x00 数字式测试仪及配件，由主机和远端机组成，同时包括接口、存储等配件。

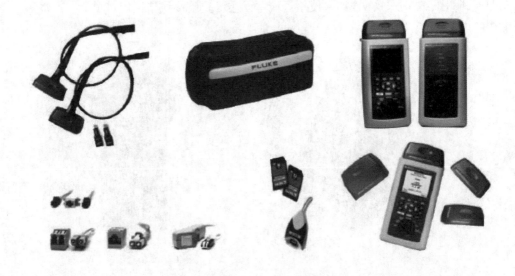

图 4-10　DSP-4x00 数字式测试仪及配件

Fluke DSP-4300 电缆测试仪除测试主机和测试远端机之外，还包括标准配件和选配件。

标准配件：DSP-4300 主机和远端机（各一个）、LinkWare™ 电缆管理软件、16 MB 内存、16 MB 多媒体卡、PC 读卡器、Cat 6/5e 永久链路适配器（2 个）带一套 Cat 6 个性化模块套件、Cat 6/5e 通道适配器（1 个）、Cat 6/5e 通道/流量适配器（1 个）、语音对讲耳机（2 个）、AC 适配器/电池充电器（2 个）、便携软包（1 个）、快速参考手册（1 本）、仪器背带（2 根）、校准模块（1 个）、RS-232 串口电缆（1 根）、RJ-45 到 BNC 适配器的转换电缆（1 根）。

（1）DSP-4x00 数字式电缆分析仪的特点

①超过超 5 类及 6 类线测试所要求的Ⅲ级精度，扩展了 DSP-4x00 的测试能力，并同时获得 UL 和 ETL SEMKO 的认证。

②使用永久链路适配器可得到更多、更准确的"通过"结果，DSP-4x00 中包含该适配器。

③随机提供 6 类通道适配器及一个通道/流量适配器,从而精确测试 6 类通道。

④自动诊断电缆故障,以 m 或 ft 准确显示故障位置,更精确的时域串扰分析用来对串扰进行故障定位。

⑤扩展的 16 MB 主板集成存储卡可存储一整天的测试结果,分离的读卡机可使测试仪保留在现场而带走测试报告,还可自行定义报告格式。

⑥可将符合 ANSI/TIA/EIA606 标准的电缆 ID 号下载到 DSP-4x00 数字式电缆分析仪中,节省时间同时确保了数据的准确性。

⑦随机提供的测试结果管理软件包(Cable Manager)可以帮用户快速容易地组织、合并、查找、编辑、导出、打印测试报告,并存储 5 000 个报告。最新线缆测试管理软件 LinkWare 支持 OptiFibeir 光缆认证(OTDR)测试仪、DSP 系列数字式电缆测试仪以及 OMNIScanner 电缆测试仪,对所有 Fluke 网络电缆测试仪以通用的格式得到专业的图形测试报告,它和功能强大的 Cable Manager 电缆管理软件兼容。

⑧可将测试仪直接接上打印机打印测试结果,或通过随机软件 DSP-Link 与计算机连接,将测试结果送入计算机存储或打印。

⑨一条通道通过了 ANSI/TIA/EIA-568-B 要求的测试,就可提供高达 350 MHz 的带宽。

(2)操作界面

①主机控制界面,如图 4-11 所示。

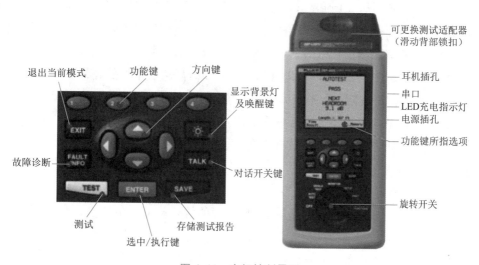

图 4-11 主机控制界面

②远端机控制界面,如图 4-12 所示。

(3)DSP-4x00 的故障诊断

5e 类和 6 类标准对近端串扰和回波损耗的链路性能要求非常严格,即使所有元件都达到规定的指标且施工工艺也可达到满意的水平,但非常可能的情况是链路测试失败。综合布线存在的故障包括接线图错误、电缆长度问题、衰减过大、近端串扰过高、回波损耗过高等。DSP-4x00 采用两种先进的高精度时域反射分析(HDTDR)和高精度时域串扰分析(HDTDX)对故障定位分析。

①高精度的时域反射分析。

高精度的时域反射（High Definiton Time Domain Reflectometry，HDTDR）分析，主要用于测量长度、传输时延（环路）、时延差（环路）和回波损耗等参数，并针对有阻抗变化的故障进行精确地定位，用于与时间相关的故障诊断。

该技术通过在被测试对中发送测试信号，同时监测信号在该线对的反射相位和强度来确定故障的类型，通过信号发生反射的时间和信号在电缆中传输的速度可以精确地报告故障的具体位置。测试端发出测试脉冲信号，当信号在传输过程中遇到阻抗变化就会产生反射，不同的物理

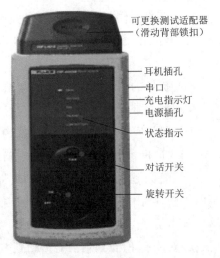

可更换测试适配器
（滑动背部锁扣）

耳机插孔
串口
充电指示灯
电源插孔
状态指示

对话开关

旋转开关

图 4-12　远端机控制界面

状态所导致的阻抗变化是不同的，而不同的阻抗变化对信号的反射状态也是不同的。当远端开路时，信号反射并且相位未发生变化，而当远端为短路时，反射信号的相位发生了变化，如果远端有信号终结器，则没有信号被反射。测试仪就是根据反射信号的相位变化和时延来判断故障类型和距离。

②高精度的时域串扰分析。

高精度的时域串扰（High Definition Domain Crosstalk，HDTHX）分析，通过在一对线对上发出信号的同时，在另一对线上观测信号的情况来测量串扰相关的参数以及故障诊断。以往对近端串扰的测试仅能提供串扰发生的频域结果，即只能知道串扰发生在哪个频点（MHz），并不能报告串扰发生的物理位置，这样的结果远远不能满足现场解决串扰故障的需求。由于是在时域进行测试，因此根据串扰发生的时间以及信号的传输速度可以精确地定位串扰发生的物理位置。这是目前唯一能够对近端串扰进行精确定位并且不存在测试盲区的技术。

③故障类型及解决方法。

a. 电缆接线图未通过。电缆接线图及长度问题主要包括开路、短路、交叉等几种错误类型。开路、短路在故障点都会有很大的阻抗变化，对这类故障可以利用 HDTDR 技术来进行定位。故障点会对测试信号造成不同程度的反射，并且不同的故障类型的阻抗变化是不同的，因此测试设备可以通过测试信号相位的变化以及相位的反射时延来判断故障类型和距离。当然定位的准确与否还受设备设定的信号在该链路中的标称传输率（NVP）值决定。

b. 长度问题。长度未通过的原因可能有：NVP 设置不正确，可用已知长度的好线缆校准NVP；实际长度超长；开路或短路；设备连线及跨接线的总长过长。

c. 衰减。信号的衰减（Attenuation）同很多因素有关，如现场的温度、湿度、频率、电缆长度和端接工艺等。在现场测试工程中，在电缆材质合格的前提下，衰减大多与电缆超长有关，通过前面的介绍可知，对于链路超长可以通过 HDTDR 技术进行精确的定位。

d. 近端串扰。近端串扰故障常见于链路中的接插件部位，由于端接时工艺不规范，如接头未双绞部分超过推荐的 13 mm，造成电缆绞距被破坏，从而导致在这些位置产生过高的串扰。

当然串扰不仅仅发生在接插件部位,一段不合格的电缆同样会导致串扰的不合格。对这类故障,可以利用 HDTDX 技术发现它们的位置,无论它是发生在某个接插件还是某一段链路。同时串绕线对、外部噪声也是产生近端串扰的重要因素。

e. 回波损耗。回波损耗是由于链路阻抗不匹配造成的信号反射,主要发生在连接器的地方,端接工艺不良和链路上产品非同一厂家生产等因素都会引起阻抗不匹配。由于在吉比特以太网中用到了双绞线中的 4 对线同时双向传输(全双工),因此被反射的信号会被误认为是收到的信号而产生混乱。知道了回波损耗产生的原因是由于阻抗变化引起的信号反射,可以利用针对这类故障的 HDTDR 技术进行精确定位。

任务小结

布线测试一般分为验证测试和认证测试两类。验证测试是边施工边测试,认证测试为所有测试工作最重要环节,认证测试又分为自我认证和第三方认证。认证测试时应对应测试模型,符合测试标准。

常用的认证测试参数包括连接图、长度、衰减、串扰、传输时延和延迟偏离和回波损耗。

光纤传输链路测试主要测试光纤链路长度参数和光纤损耗参数。

任务二　综合布线工程验收

任务描述

本任务介绍综合布线工程验收中的方法、技术和策略。

任务目标

①了解竣工验收组织的构成、验收依据与验收的内容。

②熟悉验收的要求、各验收阶段的工作任务和目的。

③掌握缆线的敷设要求和保护措施的检验技术,缆线终接、对绞电缆芯线终接、光缆芯线终接以及各类跳线的终接的检验技术。

任务实施

一、竣工验收组织、依据与内容

1. 项目竣工验收的组织

按照综合布线行业的国际惯例,大、中型的综合布线工程主要是由国家注册具有行业资质的第三方认证服务提供商来提供竣工测试验收服务。

国内当前综合布线工程竣工验收有以下几种情况:

①施工单位自己组织验收。

②施工监理机构组织验收。

③第三方测试机构组织验收（分两种）：质量监察部门提供验收服务和第三方测试认证服务提供商提供验收服务。

2. 项目竣工验收依据

①技术设计方案。

②施工图设计。

③设备技术说明书。

④设计修改变更单。

⑤现行的技术验收规范。

3. 项目竣工验收的内容

竣工验收包括物理验收和竣工技术文档验收，物理验收按照本项目任务一内容组织实施。

1）竣工决算和竣工资料移交基本要求

（1）了解工程建设的全部内容

掌握工程全过程，即从发生、发展、完成的全部过程，并以图、文、声、像等形式进行归档。

（2）应当归档的文件

包括项目的需求调研报告、可行性研究、评估、决策、计划、勘测、设计、施工、测试和竣工的工作中形成的文件材料。其中竣工图技术资料是工程使用单位长期保存的技术档案，要做到准确、完整、真实，符合长期保存的归档要求。

竣工图必须做到：

①必须与竣工的工程实际情况完全符合。

②必须保证绘制质量，做到规格统一，字迹清晰，符合归档要求。

③必须经过施工单位的主要技术负责人审核、签字。

2）竣工技术文档内容

在工程验收以前，将工程竣工技术资料交给建设单位，竣工技术文件按下列内容要求进行编制：

①安装工程量，工程说明。

②设备、器材明细表。

③竣工图纸为施工中更改后的施工设计图。

④测试记录（宜采用中文表示）。

⑤工程变更、检查记录及施工过程中，需更改设计或采取相关措施时，建设、设计、施工等单位之间的洽商记录。

⑥随工验收记录，隐蔽工程签证。

二、验收要求、阶段与内容

1. 验收要求

在竣工验收之前，建设单位为了充分做好准备工作，需要有一个自检阶段和初检阶段。加强自检和随工检查等技术管理措施,建设单位的常驻工地代表或工程监理人员必须按照上述工程质量检查工作,力求消灭一切因施工质量而造成的隐患。

由建设单位负责组织现场检查、资料收集与整理工作。设计单位,特别是施工单位必须提供资料和竣工图纸的责任。

工程的验收主要以《综合布线系统工程验收规范》GB/T 50312—2016 作为技术验收规范。由于综合布线工程是一项系统工程,不同项目会涉及其他一些技术规范,因此,综合布线工程验收还需符合下列技术规范:

①YD/T 926.1—2009《大楼通信综合布线系统》。

②YD/T 1013—2013《综合布线系统电气特性通用测试方法》。

③YD/T 1019—2013《数字通信用聚烯烃绝缘水平对绞电缆》。

④YD 5121—2010《通信线路工程验收规范》。

⑤GB/T 50374—2018《通信管道工程施工及验收标准》。

在综合布线工程施工与验收中,当遇到上述各种规范未包括的技术标准和技术要求时,可按有关设计规范和设计文件的要求办理。由于综合布线技术日新月异,技术规范内容经常在不断地进行修订和补充,因此在验收时,应注意使用最新版本的技术标准。

2. 验收阶段

(1)开工前检查

工程验收应从工程开工之日起就开始,从对工程材料的验收开始,严把产品质量关,保证工程质量,开工前检查包括设备材料检验和环境检查。设备材料检验包括查验产品的规格、数量、型号是否符合设计要求,检查线缆的外护套有无破损,抽查线缆的电气性能指标是否符合技术规范。环境检查包括检查土建施工情况,包括地面、墙面、门、电源插座及接地装置、机房面积和预留孔洞等环境。

(2)随工验收

在工程中为随时考核施工单位的施工水平和施工质量,对产品的整体技术指标和质量有大概了解,部分验收工作应随工进行,如布线系统的电气性能测试工作、隐蔽工程等。这样可及早发现工程质量问题,避免造成人力、财力的浪费。

随工验收应对工程的隐蔽部分边施工边验收,在竣工验收时,一般不再对隐蔽工程进行复查,由建设方工地代表和质量监督员负责。

(3)初步验收

对所有的新建、扩建和改建项目,都应在完成施工调测之后进行初步验收。初步验收的时间应在原计划的建设工期内进行,由建设方组织设计、施工、监理和使用等单位人员参加。初步验收工作包括检查工程质量,审查竣工资料,对发现的问题提出处理的意见,并组织相关责任单位落实解决。

(4)竣工验收

综合布线系统接入电话交换系统、计算机局域网或其他弱电系统,在试运行后的半个月内,由建设方向上级主管部门报送竣工报告(包含工程的初步决算及试运行报告),并请示主管部门组织对工程进行验收。

工程竣工验收为工程建设的最后一个程序,对于大、中型项目可以分为初步验收和竣工验收两个阶段。

一般综合布线系统工程完工后,在尚未进入电信、计算机网络或其他弱电系统的运行阶段,应先期对综合布线系统进行竣工验收。对综合布线系统各项检测指标认真考核审查,如果全部合格,且全部竣工图纸资料等文档齐全,即可对综合布线系统进行单项竣工验收。

3. 验收内容

对综合布线系统工程验收的主要内容为:环境检查、器材检验、设备安装检验、缆线敷设和保护方式检验、缆线终接和工程电气测试等。

1)环境检查

(1)房屋地面平整、光洁,门高度和宽度不妨碍设备和器材搬运,门锁和钥匙齐全。

(2)房屋预理地槽、暗管及孔洞和竖井的位置、数量、尺寸均应符合设计要求。

(3)铺面为活动地板的场所,活动地板防静电措施的接地应符合设计要求。

(4)交接间、设备间应提供 220 V 单相带地电源插座。

(5)交接间、设备间应提供可靠的接地装置,设置接地体时,检查接地电阻值及接地装置应符合设计要求。

(6)交接间和设备间的面积、通风及环境温、湿度应符合设计要求。

2)设备安装验收

(1)机柜、机架安装要求

机柜、机架安装垂直偏差度应不大于 3 mm,机柜、机架安装位置应符合设计要求,如有抗震要求,应按施工图的抗震设计进行加固。机柜、机架上的各种零件不得脱落或碰坏,漆面如有脱落应予以补漆,各种标志应完整、清晰。

(2)各类配线部件安装要求

各部件应完整,安装就位,标志齐全;安装螺丝需拧紧,面板应保持在一个平面上。

(3)模块插座安装要求

模块插座安装在活动地板或地面上,应固定在接线盒内,插座面板采用直立和水平等形式,接线盒盖可开启,并应具有防水、防尘、抗压功能,接线盒盖面应与地面齐平。8 位模块式通用插座、多用户信息插座或集合点配线模块,安装位置应符合设计要求。8 位模块式通用插座底座盒的固定方法按施工现场条件而定,宜采用预置扩张螺丝钉固定等方式,固定螺丝需拧紧,不应产生松动现象。

各种插座面板应有标识,以颜色、图形、文字表示所接终端设备类型。

(4)电缆桥架及线槽的安装要求

①桥架及线槽的安装位置应符合施工图规定,桥架及线槽节与节间应接触良好,安装牢固,左右偏差不超过 50 mm,水平度每米偏差不超过 2 mm。

②垂直桥架及线槽应与地面保持垂直,并无倾斜现象,垂直度偏差不应超过 3 mm。

③线槽截断处及两线槽拼接处应平滑、无毛刺。

④吊架和支架安装应保持垂直,整齐牢固,无歪斜现象。

三、缆线的敷设和保护方式检验

1. 缆线敷设要求

1) 缆线敷设要求

①缆线的型号、规格应与设计规定相符。

②缆线的布放应自然平直,不得产生扭绞、打圈接头等现象,不应受外力的挤压和损伤。

③缆线两端应贴有标签,标明编号,标签书写清晰、端正、正确。标签应选不易损材料。

④缆线终接后,应留有余量,交接间、设备间对绞电缆预留长度宜为 0.5~1.0 m,工作区为 10~30 mm,光缆布放宜盘留,预留长度宜为 3~5 m,有特殊要求的应按设计要求预留长度。

⑤缆线的弯曲半径符合规定。

⑥电源线、综合布线系统缆线应分隔布放,缆线间的最小净距符合设计要求,建筑物内电缆、光缆暗管敷设与其他管线最小净距符合规定。在暗管或线槽中缆线敷设完毕后,宜在信道两端口出口处用填充材料进行封堵。

2) 预埋线槽和暗管敷设缆线要求

①敷设线槽的两端宜用标志表示出编号和长度等内容。

②敷设暗管宜采用钢管或阻燃硬质 PVC 管。

③布放多层屏蔽电缆、扁平缆线和大对数主干光缆时,直线管道的管径利用率为 50%~60%,弯管道应为 40%~50%。

④暗管布放 4 对对绞电缆或 4 芯以下光缆时,管道的截面利用率应为 25%~30%。

⑤预埋线槽宜采用金属线槽,线槽的截面利用率不应超过 50%。

3) 设置电缆桥架和线槽敷设缆线规定要求

①电缆线槽、桥架宜高出地面 2.2 m 以上。

②线槽和桥架顶部距楼板不宜小于 30 mm,在过梁或其他障碍物处,不宜小于 50 mm。

③槽内缆线布放应顺直,尽量不交叉,在缆线进出线槽部位、转弯处应绑扎固定,其水平部分缆线可以不绑扎。

④垂直线槽布放缆线应每间隔 1.5 m 固定在缆线支架上。

⑤电缆桥架内缆线垂直敷设时,在缆线的上端和每间隔 1.5 m 处应固定在桥架的支架上,水平敷设时,在缆线的首、尾、转弯及每间隔 5~10 m 处进行固定。

⑥在水平、垂直桥架和垂直线槽中敷设缆线时,应对缆线进行绑扎。

⑦对绞电缆、光缆及其他信号电缆应根据缆线的类别、数量、缆径、缆线芯数分束绑扎,绑扎间距不宜大于 1.5 m,间距应均匀,松紧适度。

⑧楼内光缆宜在金属线槽中敷设,在桥架敷设时应在绑扎固定段加装垫套。

采用吊顶支撑柱作为线槽在顶棚内敷设缆线时,每根支撑柱所辖范围内的缆线可不设置线槽进行布放,但应分束绑扎,缆线护套应阻燃。

建筑群子系统采用架空、管道、直埋、墙壁及暗管敷设电、光缆的施工技术要求应按照本地网通信线路工程验收的相关规定执行。

2. 保护措施

1）水平子系统缆线敷设保护要求

（1）预埋金属线槽保护要求

在建筑物中预埋线槽,宜按单层设置,每一路由预埋线槽不应超过 3 根,线槽截面高度不宜超过 25 mm,总宽度不宜超过 300 mm。线槽直埋长度超过 30 m 或在线槽路由交叉、转弯时,宜设置过线盒,以便于布放缆线和维修。过线盒盖能开启,并与地面齐平,盒盖处应具有防水功能。

（2）预埋暗管保护要求

预埋墙体中间的最大管径不宜超过 50 mm,楼板中暗管的最大管径不宜超过 25 mm。

直线布管每 30 m 处应设置过线盒装置。暗管的转弯角度应大于 90°,在路径上每根暗管的转弯角度不得多于两个,并不应有 S 弯出现,有弯头的管段长度超过 20 m 时,应设置管线过线盒装置,在有两个弯时,不超过 15 m 应设置过线盒。

暗管转弯的曲率半径不应小于该管外径的 6 倍,如暗管外径大于 50 mm 时,不应小于 10 倍。暗管管口应光滑,并加有护口保护,管口伸出部位宜为 25～50 mm。

（3）网络地板缆线敷设保护要求

线槽之间应沟通,线槽盖板应可开启,并采用金属材料,主线槽的宽度由网络地板盖板的宽度而定,一般宜在 200 mm 左右,支线槽宽不宜小于 70 mm。活动地板下敷设缆线时,活动地板内净空应为 150～300 mm。地板块应抗压、抗冲击和阻燃。

（4）设置缆线桥架和缆线线槽保护要求

桥架水平敷设时,支撑间距一般为 1.5～3 m,垂直敷设时固定在建筑物构体上的间距宜小于 2 m,距地 1.8 m 以下部分应加金属盖板保护。

金属线槽敷设时,在下列情况中需设置支架或吊架:线槽接头处、每间距 3 m 处、离开线槽两端出口 0.5 m 处、转弯处。金属线槽、缆线桥架穿过墙体或楼板时,应有防火措施,接地符合设计要求。

塑料线槽槽底固定点间距一般宜为 1 m。

采用公用立柱作为顶棚支撑柱时,可在立柱中布放缆线。立柱支撑点宜避开沟槽和线槽位置,支撑应牢固。立柱中电力线和综合布线缆线合一布放时,中间应有金属板隔开,间距应符合设计要求。

2）干线子系统缆线敷设保护方式要求

缆线不得布放在电梯或供水、供汽、供暖管道竖井中,亦不应布放在强电竖井中,干线通道间应沟通。

3）建筑群子系统缆线敷设保护方式要求

缆线敷设保护方式应符合设计要求。

四、缆线终接检验

1. 缆线终接要求

缆线在终接前,必须核对缆线标识内容是否正确,对绞电缆与插接件连接应认准线号、线位色标,不得颠倒和错接。

缆线中间不允许有接头,终接处必须牢固、接触良好。

2. 对绞电缆芯线终接要求

终接时,每对双绞线应保持扭绞状态,扭绞松开长度对于 5 类线不应大于 13 mm。双绞线在与 8 位模块式通用插座相连时,必须按色标和线对顺序进行卡接。

屏蔽对绞电缆的屏蔽层与接插件终接处屏蔽罩必须可靠接触,缆线屏蔽层应与接插件屏蔽罩 360°圆周接触,接触长度不宜小于 10 mm。

3. 光缆芯线终接要求

①采用光纤连接盒对光纤进行连接、保护,在连接盒中光纤的弯曲半径应符合安装工艺要求。光纤熔接处应加以保护和固定,使用连接器以便于光纤的跳接。

②光纤连接盒面板应有标志。

③光纤连接损耗值,应符合表 4-8 中的规定。

表 4-8　光纤连接损耗

连接类别	多模光纤连接损耗		单模光纤连接损耗	
	平均值	最大值	平均值	最大值
熔接	0.15	0.3	0.15	0.3

4. 各类跳线的终接规定

各类跳线缆线和接插件间接触应良好,接线无误,标志齐全。跳线选用类型应符合系统设计要求。各类跳线长度符合设计要求,对绞电缆跳线不应超过 5 m,光缆跳线不应超过 10 m。

任务小结

验收是用户对网络工程施工工作的认可,检查施工过程是否符合设计要求和符合有关施工规范。

实 战 篇

引言

结构化综合布线系统是在传统布线方法上的一次重大革新，其线缆的传输能力百倍于旧的传输线缆，接口模式已成为国际通用的标准，并把旧的各种标准兼容在内。因此用户无须担心目前和日后的系统应用和升级能力。它采取了模块化结构，配置灵活，设备搬迁、扩充都非常方便，从根本上改变了以往建筑物布线的死板、混乱、复杂的状况。

本篇综合布线技能实战训练，包括综合布线施工双绞线跳线的制作、信息模块的端接、光纤的续接、管槽敷设、综合布线设计图绘制等内容。

学习目标

（1）掌握双绞线跳线的制作方法，能够具备制作不同类型跳线的制作能力。

（2）掌握超 5 类免打线式模块、超 5 类屏蔽式模块、6 类打线式模块和配线架的端接操作步骤。

（3）掌握光纤熔接、光纤冷接和 PVC 线槽成型制作的操作方法。

（4）掌握 Microsoft Visio 网络制图工具的使用，具备独立完成综合布线网络拓扑图和系统图的绘制的能力。

（5）掌握 AutoCAD 软件工具的使用，具备独立完成综合布线系统施工图绘制的能力。

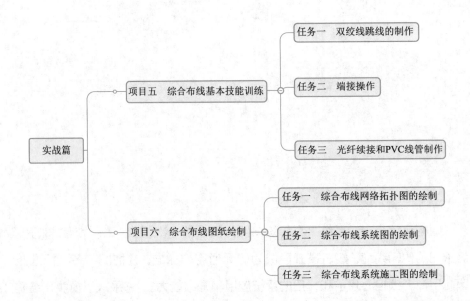

项目五 综合布线基本技能训练

学习目标

①掌握各类双绞线跳线的制作标准与操作方法。
②掌握超 5 类、6 类、配线间的端接工艺。
③掌握光纤的接续技术,以及 PVC 线管的制作工艺。

任务一 双绞线跳线的制作

任务描述

双绞线电缆端接是综合布线系统工程中最为关键的步骤,它包括配线接续设备(设备间、电信间)和信息点(工作区)处的安装施工,另外经常用于与 RJ-45 水晶头的端接。综合布线系统的故障绝大部分出现在链路的连接之处,故障会导致线路不通和衰减、串音、回波损耗等电气指标不合格,故障不仅出现在某个端接处,也包含端接安装时不规范作业如弯曲半径过小、开绞距离过长等引起的故障。因此,对安装和维护综合布线的技术人员,必须先进行严格培训,使其掌握安装技能。

本任务是认识 T568A 和 T568B 的线缆排序标准和通断测试仪的使用方法。完成超 5 类和 6 类及其 RJ-45 连接头的端接工作。

任务目标

掌握各类双绞线跳线的制作标准与操作方法。

任务实施

1. 跳线制作工具准备

剥线钳一把、RJ-45 压线钳一把、剪刀一把、网线测试仪、长 50 cm 的超 5 类 UTP 双绞线一条、超 5 类水晶头若干个、长 50 cm 的 6 类 UTP 双绞线一条和 6 类水晶头若干个。

2.双绞线跳线的标准

按照双绞线两端线序的不同,通常划分两类双绞线。

1)直通线

根据 ANSI/TIA/EIA-568-B 标准,两端线序排列一致,一一对应,即不改变线的排列,称为直通线。直通线线序如表 5-1 所示,当然也可以按照 ANSI/TIA/EIA-568-A 标准制作直通线,此时跳线两端的线序依次为:1—白绿、2—绿、3—白橙、4—蓝、5—白蓝、6—橙、7—白棕、8—棕。

表 5-1 ANSI/TIA/EIA-568-B 标准直通线线序

端1	白橙	橙	白绿	蓝	白蓝	绿	白棕	棕
端2	白橙	橙	白绿	蓝	白蓝	绿	白棕	棕

2)交叉线

根据 ANSI/TIA/EIA-568-B 标准,改变线的排列顺序,采用"2-1-4,2-1-6"的交叉原则排列,称为交叉线。交叉线线序如图 5-1 和表 5-2 所示。

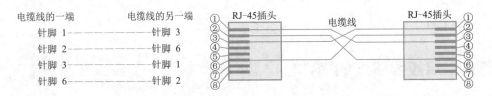

图 5-1 交叉线连接线示意图

表 5-2 交叉线线序

端1	白橙	橙	白绿	蓝	白蓝	绿	白棕	棕
端2	白绿	绿	白绿	蓝	白蓝	橙	白棕	棕

3.超 5 类跳线制作

1)选线

准确选择线缆长度,至少 0.6 m,最多不超过 100 m,这里选择 5 m。

2)剥线

用双绞线剥线钳将双绞线外皮剥去 2～3 cm,并剪掉撕裂绳,如图 5-2 所示。

注意:剥线时掌握剥线器剥线口的大小,注意不要割破或割断线芯。

3)排列线序

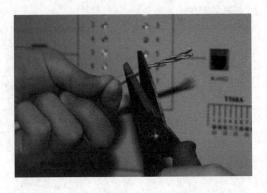

图 5-2 剥线

分开每一对线对(开绞),并将线芯按照 T568B(或 T568A)标准排序,将线芯理直拉平,如图 5-3 所示。

注意:4 根线对之间尽量不要交叉,方便于插线和保证水晶头美观。

4)剪齐

用压线钳、剪刀、斜口钳等锋利工具将双绞线线芯平齐剪切,注意保证双绞线线芯开绞长度不超过 13 mm。否则将影响双绞线的传输性能,不符合超 5 类系统的标准。

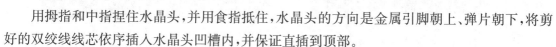

图 5-3　排列线序

5)插入

用拇指和中指捏住水晶头,并用食指抵住,水晶头的方向是金属引脚朝上、弹片朝下,将剪好的双绞线线芯依序插入水晶头凹槽内,并保证直插到顶部。

6)检查线序

检查水晶头双绞线的线序是否正确,检查线芯是否到水晶头顶部。为减少水晶头的用量,步骤 1)~5)可重复练习,熟练后再进行下一步。

7)压制

确认无误后,采用 RJ-45 压线钳压接水晶头,使水晶头 8 个金属刀片刺破线芯外皮,如图 5-4所示。

8)检测

重复步骤 1)~7)完成线缆另一端的制作,将做好的网线的两端分别插入网线测试仪中,启动开关,如果测试仪上的指示灯依次为绿色闪过,则表示网线制作成功。还要注意测试仪两端指示灯的顺序是否与接线标准对应。

图 5-4　压线钳压接

4. 6 类跳线的制作

1)剥皮

用双绞线剥线钳将双绞线外皮剥去 2~3 cm,并用剪刀把双绞线中间的十字架剪除,如图 5-5所示。避免在剥线或剪除十字架时剪伤或割断双绞线线芯。

2)排列线序

分开每一对线对(开绞),并将线芯按照 T568B(或 T568A)标准排序,将线芯理直拉平。4 根线对之间尽量不要交叉,方便于插线和保证水晶头美观。

3)剪齐

用压线钳、剪刀、斜口钳等锋利工具将理直双绞线线芯按 45 斜角剪切(见图 5-6,方便插入接线端

图 5-5　剪除隔离架

子），长度适中。

4）芯插入接线端子

将剪好的双绞线线芯插入接线端子（见图 5-7，接线端子卡口朝上），确保插到线芯并完全穿过接线端子，然后把多余的线芯用剪刀平齐剪切。

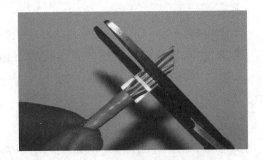

图 5-6　按 45°斜角剪齐导线　　　　图 5-7　插入接线端子并剪除多余导线

5）检查线序

再次检查水晶头双绞线的线序是否正确；检查线芯是否到水晶头顶部。为减少水晶头的用量，步骤 1）～4）可重复练习，熟练后再进行下一步。

6）压制

确认无误后，用 RJ-45 压线钳压接水晶头，使水晶头 8 个金属刀片刺破线芯外皮。

7）检测

重复步骤 1）～6）制作另一端连接头，完成一条跳线的制作。将做好的网线的两端分别插入网线测试仪中，启动开关，如果测试仪上的指示灯依次为绿色闪过，则表示网线制作成功。还要注意测试仪两端指示灯的顺序是否与接线标准对应。

🔧 任务小结

本次任务主要介绍了超 5 类和 6 类双绞线跳线的制作方法和步骤。通过本任务的学习，让学生熟练掌握双绞线线序的分类、具体的制作过程及制作方法，为工程的实施打下良好基础。

任务二　端接操作

🖥 任务描述

通常信息模块、数据配线架、110 语音配线架等都涉及线缆端接操作。本任务将介绍如何完成 6 类打线式模块端接、超 5 类免打式模块端接/超 5 类屏蔽式模块端接和配线架的端接工作。

🔌 任务目标

掌握超 5 类、6 类配线间的端接工艺。

任务实施

1.超 5 类免打式模块端接工具准备

剥线钳一把、压线钳一把、剪刀一把、长 50 cm 的超 5 类 UTP 双绞线一条、超 5 类免打模块 2 个。

2.超 5 类屏蔽式模块端接工具准备

剥线钳一把、压线钳一把、剪刀一把、长 50 cm 的超 5 类 FTP 双绞线一条、超 5 类屏蔽模块 2 个。

3.6 类打线式模块端接工具准备

剥线钳一把、110 打线工具一把、剪刀一把、长 50 cm 的 6 类非屏蔽双绞线一条、6 类非屏蔽打线式模块 2 个。

4.配线架的端接工具准备

110 配线架、25 对大对数语音电缆、卡刀、剥线钳。

5.超 5 类免打式模块端接

1)剥线

用剥线钳将双绞线外皮剥去 2～3 cm,并剪掉撕裂绳。

2)理线

按照信息模块扣锁端接帽上标有的 T568B 或 T568A 标准,将线芯理直拉平。

3)剪齐

用剪刀将理直拉平的双绞线剪 45°斜角(见图 5-8,便于插入端接帽)。

4)插入

将剪好的双绞线芯穿过扣锁端接帽,至信息模块底座卡接点。

5)理线

把插入扣锁端接帽后多出的线芯拉直并弯至反面。

6)剪齐

用剪刀将扣锁端接帽反面顶端处的线缆剪平(见图 5-9)。

7)压接

最后将扣锁端接帽压接至模块底座(见图 5-10),完成模块的端接。重复步骤 1)～7),完成一条链路的端接。

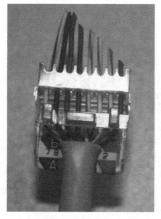
图 5-8　按照线序,剪 45 度斜角

图 5-9　剪掉多余线芯

图 5-10　将接线端子压接到模块底座

8）测试

把万用表的挡位设置在×10的电阻挡，把万用表的一个表针与网线的另一端相应芯线接触，另一万用表笔接触信息模块上卡入相应颜色芯线的卡线槽边缘（注意不是接触芯线）。如果阻值很小，则证明信息模块连接良好，否则再用压线钳压一下相应芯线，直到通畅为止。

6.超5类屏蔽式模块端接

1）剥皮

用剥线钳将双绞线外皮剥去3～4 cm，注意不要剥伤超5类屏蔽网线的屏蔽层。

2）去铝箔层

把剥开的铝箔层去掉，只留下汇流导线（见图5-11）。

3）理线

按照接线端子色标，将线卡接到相应的卡槽（见图5-12）。

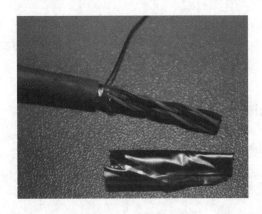 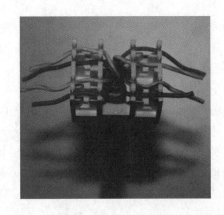

图5-11　剥皮、展开屏蔽层　　　　图5-12　按照色标把线芯卡接到相应的卡槽

4）剪掉多余线芯

剪掉多余的线芯，卡接到相应的模块上（见图5-13），注意不要把方向搞反，否则会损坏模块。

5）闭合金属外框

采用模块自带金属外框，将接线端子冲压到模块上，使之相互卡紧连通（见图5-14和图5-15）。

图5-13　卡接到模块上　　　图5-14　闭合自带金属外框　　　图5-15　模块金属外框闭合起来的效果

6）整理汇流导线

将线缆内的汇流导线缠绕在模块尾部，完成模块的端接（见图5-16）。

7. 6类打线式模块端接

1）剥线

用剥线钳将双绞线外皮剥去2～3 cm，采用剪刀把双绞线中间的十字架剪除（见图5-17）。

2）理线

按照模块色标线序将线缆分开，将绿色和蓝色线对穿进线孔（线对保持双绞状态）。

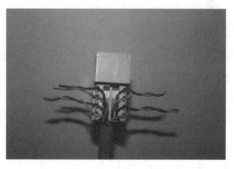

图5-16　完成模块端接

3）排序、预固定

将线芯按模块色标排序，用手压接到每个IDC卡点进行预固定（见图5-18，开绞距离不超过5 mm）。

图5-17　剥皮并剪除隔离架

图5-18　排序、预固定

4）打线

采用110打线工具（刀口向外，垂直用力），将线芯一一压接到槽口的IDC卡点上（见图5-19）。同时多余的线头被剪断。

5）检查、盖上保护帽

把配套的保护帽盖在已经端接好的模块上（见图5-20），起保护作用。重复步骤1）～5）。完成另一端模块端接。

图5-19　用打线工具压接

图5-20　检查、盖上保护帽

8. 配线架的端接

1) 固定配线架

将配线架固定到机柜合适的位置。

2) 整理电缆并剥去外皮

从机柜进线处开始整理电缆,电缆沿机柜两侧整理至配线架处,并留出大约 25 cm 的大对数电缆,用剥线钳把大对数电缆的外皮剥去,如图 5-21 所示,使用绑扎带固定好电缆,将电缆穿过 110 语音配线架一侧的进线孔,摆放至配线架打线处,如图 5-22 所示。

图 5-21　整理电缆并剥去外皮效果

图 5-22　摆放电缆效果

3) 线序排列

5 对线缆进行线序排线,首先进行主色分配,再按配色分配。

通信电缆色谱排列原则:

线缆主色为:白、红、黑、黄、紫。

线缆配色为:蓝、橙、绿、棕、灰。

一组线缆为 25 对,以色带来分组,一共有 25 组分别为:

①白蓝、白橙、白绿、白棕、白灰。

②红蓝、红橙、红绿、红棕、红灰。

③黑蓝、黑橙、黑绿、黑棕、黑灰。

④黄蓝、黄橙、黄绿、黄棕、黄灰。

⑤紫蓝、紫橙、紫绿、紫棕、紫灰。

1～25 对线为第一小组,用白蓝相间的色带缠绕。

26～50 对线为第二小组,用白橙相间的色带缠绕。

51～75 对线为第三小组,用白绿相间的色带缠绕。

76～100 对线为第四小组,用白棕相间的色带缠绕。

此 100 对线为 1 大组用白兰相间的色带把 4 小组缠绕在一起。

200 对、300 对、400 对……2 400 对均依此类推。

用手指将线对轻压到索引条的夹中,使用卡刀将线对压入配线模块并将伸出的导线头切断,如图 5-23 所示。

4) 打线

根据电缆色谱排列顺序,将对应颜色的线对逐一压入槽内,然后使用 110 打线工具固定线对连接,同时将伸出槽位外多余的导线截断。注意刀要与配线架垂直,刀口向外。完成后的效果如图 5-24 所示。

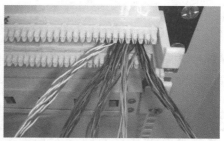

图 5-23 线序排列效果

图 5-24 打线效果

5)将连接模块压入槽内

准备 5 对打线工具和 110 连接块,将连接块放入 5 对打线工具中,把连接块垂直压入槽内如图 5-25 所示,并贴上编号标签,注意连接端子的组合:在 25 对的 110 配线架基座上安装时,应选择 5 个 4 对连接块和 1 个 5 对连接块,或 7 个 3 对连接块和 1 个 4 对连接块。从左到右完成白区、红区、黑区、黄区和紫区的安装。这与 25 对大对数电缆的安装色序一致。完成后的效果如图 5-26 所示。

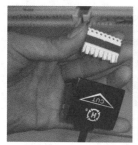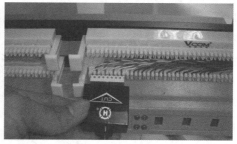

图 5-25 将连接模块压入槽内

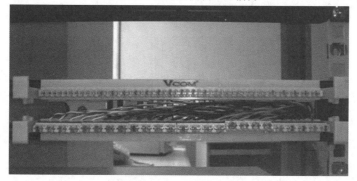

图 5-26 配线架安装效果

任务小结

端接是布线工作经常遇到的一项任务,端接工艺质量直接影响整个链路性能,因此,这项技术必须熟练掌握。通过本任务学习,需认识免打模块、屏蔽模块和6类打线式模块的结构,熟练掌握免打模块、屏蔽模块端接技术和模块的接线方式,以及熟练掌握110打线工具的使用方法和端接技术。

任务三 光纤续接和 PVC 线管制作

任务描述

光纤接续技术常用于综合布线系统的电信间、设备间和建筑群子系统的光缆系统端接及线路维护管理。在网络系统日常维护中,当布设的光缆恶意破坏时,也常使用光纤接续技术解决光路问题,本任务将介绍光纤熔接和光纤冷接的操作方法。

任务目标

掌握光纤的接续技术,以及 PVC 线管的制作工艺。

任务实施

1. 光纤熔接工具准备

米勒钳、剥线钳、光纤清洁用具、双口光纤涂覆层剥离钳、酒精棉、光纤熔接机和激光笔等。

2. 光纤冷接工具准备

皮纤、米勒钳、斜口钳、红光笔、光缆剥线器、切光纤刀、酒精棉和 SC 型接头等。

3. PVC 线管成型制作工具准备

39×19PVC 线槽 1 m、ϕ20PVC 管 1 m、线槽剪刀 1 把、线管剪 1 把、铅笔 1 支、直角 1 把、ϕ20 弯管器、卷尺 1 把。

4. 光纤熔接

1)去涂覆层

打开熔接机,轻轻按住开机键开机指示灯亮后松手;在确认热缩套管内无赃物后,将光纤穿入热缩套管;用米勒钳将光纤涂覆层清除,留约 4 cm,如图 5-27 所示。

图 5-27 剥去光纤涂覆层

2）切割光纤

用酒精棉清洁光纤表面至少三次,保证光纤表面无附着物;将干净的光纤放入切割刀的导向槽,涂覆层的前端对齐切割刀刻度尺 2～16 mm 的位置,如图 5-28 所示。

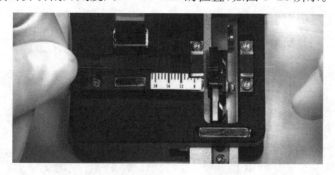

图 5-28　切割光纤

3）放置光纤

将切割好的两根光纤分别放入熔接机的夹具内。安放时,不要碰到光纤端面,并保持光纤端面在电极棒和 V 型槽之间,如图 5-29 所示。

图 5-29　放置光纤

4）开始熔接

盖上防风罩,开始熔接。按光纤熔接机上【SET】键开始熔接光纤,光纤 X、Y 轴自动调节。熔接结束观察损耗值,熔接不成功会告知原因。

5）放入热缩保护套管

掀开防风罩,依次打开左右夹具压板,取出光纤;然后将热缩管移动到熔接点,并确保热缩套管两端包住光纤涂覆层,如图 5-30 所示。

6）取出光纤

将套上热缩管的光纤放入加热器内,然后盖上加热器盖板,同时加热指示灯点亮,机器将自动开始加热热缩套管。当指示灯熄灭,热缩完成,掀开加热器盖板,取出光纤,放入冷却托盘。

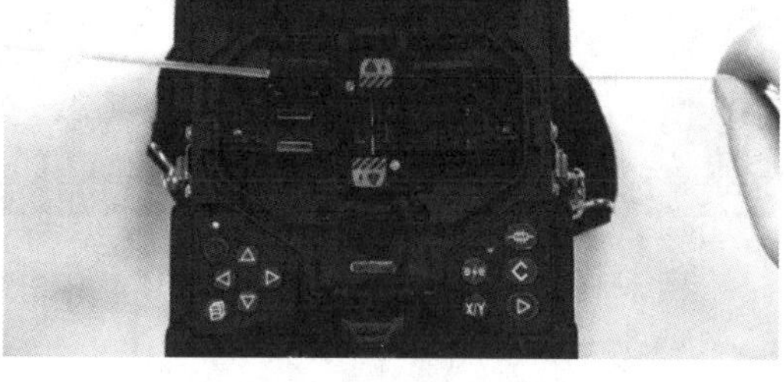

图 5-30　热缩保护套管位置

7）测试

将激光笔(或者其他光源)对准光纤的一头,然后在另一头看看有没有光点(注意:不要直视),如有则证明光纤链路是好的,如没有则证明光纤链路是断的。

5.光纤冷接

1)剥皮

①首先用斜口钳把皮缆里面的钢丝剪开大约 20 cm,如图 5-31 所示。

②用光缆剥线器剥开皮缆(见图 5-32),露出光纤,注意长度。

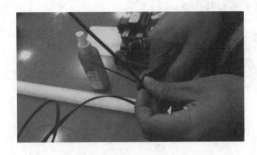

图 5-31　钢丝剪开大约 20 cm　　　　　　　　图 5-32　剥开皮缆

③放入导槽(见图 5-33),将导槽向后拉 3.5 cm,用米勒线剥除纤表面塑胶,露出的就是裸纤。

图 5-33　放入导槽

2)切割并清洁光纤

把剥好的裸纤带导轨槽放入割刀内,由内(靠自己身体一边)往外推,进行切割(见图 5-34),然后用酒精棉清洁光纤(见图 5-35 和图 5-36)。

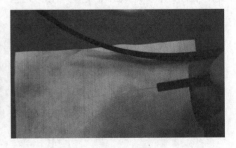

图 5-34　裸纤带导　　　图 5-35　用酒精棉清洁光纤　　　图 5-36　清洁完后的光纤
轨槽放入割刀内

3)光纤冷接

上冷接端子,将黄色的地方往前压,光纤另一端重复步骤 1)~3)进行冷接(见图 5-37~

图 5-39）。

图 5-37 上冷接端子

图 5-38 光纤冷接

图 5-39 冷接好的光纤

4）检测

将冷接好的一端使用红光笔照射，另一端出现红光点，表示冷接成功，如图 5-40 所示。

6. PVC 线管成型制作

1）PVC 线槽成型

①裁剪长为 1 m 的 PVC 线槽，制作三个弯角（直角、内角、外角）。

②在 PVC 线槽上测量 300 mm，画一条直线（直角成型），测量线槽的宽度为 39 mm。

③以直线为中心向两边量取 39 mm 画线，确定直角的方向画一个等腰直角三角形，如图 5-41 所示。

图 5-40 光纤冷接成功效果

④采用线槽剪刀裁剪画线三角形，形成线槽直角弯，如图 5-42 所示。

图5-41 测量、画出等腰直角三角形

图 5-42 剪裁出画线的三角形

⑤依此类推，完成内角、外角制作，如图 5-43～图 5-45 所示。

图 5-43 直角

图 5-44 内角

图 5-45 三个角完成后效果

2）PVC 线管成型

①裁剪长为 1 m 的 PVC 线管，制作直角弯。

②在 PVC 线管上测量 300 m 画一条直线。

③用绳子将弯管器绑好，并确定好弯管的位置，如图 5-46 所示。

④将弯管器插入 PVC 管内，用力将 PVC 管弯曲。注意控制弯曲的角度。

⑤最终完成 PVC 线管的成型制作，如图 5-47 所示。

 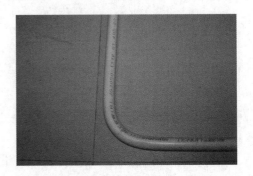

图 5-46　测量、确定要弯曲的位置　　　　　图 5-47　弯管成型

⚙ 任务小结

　　光缆施工主要包括光缆敷设和光纤连接。本任务介绍了两种光纤接续技术和 PVC 线槽和线管成型操作，通过本任务的学习，应掌握光纤熔接和光纤冷接的技术要点和具体操作。了解 PVC 线槽线管成型的原理，掌握 PVC 线槽线管成型的技术。

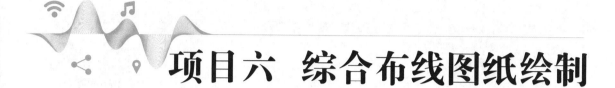

项目六 综合布线图纸绘制

任务一 综合布线网络拓扑图的绘制

任务描述

本任务介绍如何利用网络制图工具 Microsoft Visio 绘制网络拓扑图。

任务目标

①熟悉网络制作工具 Microsoft Visio 和绘图工具 AutoCAD 软件的用途在综合布线工程设计中的用途,熟练掌握 Microsoft Visio 和 AutoCAD 软件的绘图常规操作。

②熟练掌握综合布线系统网络拓扑图、系统图和施工平面图的绘制标准和技能点,具备独立完成小型综合布线系统设计的能力。

任务实施

实训环境:一台安装有 Microsoft Visio 2013 软件的计算机。

1. 网络制图工具 Microsoft Visio

1)Visio 绘图环境

模具:指与模板相关联的图件(或称形状)的集合,利用模具可以迅速生成相应的图形,模具中包含图件。

图件:指可以用来反复创建绘图的图。

模板:是一组模具和绘图页的设置信息,是针对某种特定的绘图任务或样板而组织起来的一系列主控图形的集合,利用模板可以方便地生成用户所需的图形。

Microsoft Visio 窗口如图 6-1 所示。

打开模板:打开程序以后出现窗口,选择"文件→新建"命令,选择一个模板,单击"创建"按钮。

打开模具:"开始→形状→更多形状"→打开所需要的模具。

文档模具:开始绘图时,Visio 创建的特定于该绘图文件的模具。

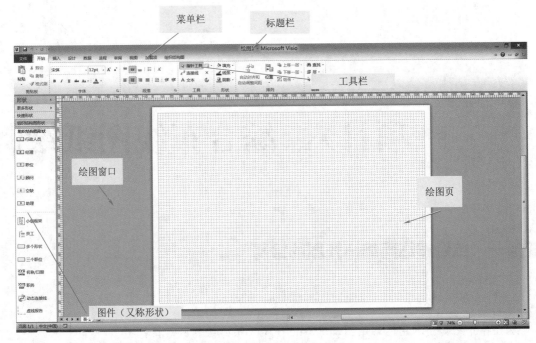

图 6-1　Microsoft Visio 窗口

"文件→形状→更多形状"→显示文档模具(说明：可以通过修改文档模具上的主控形状，修改绘图文件中所有页上形状的所有实例。用户不能保存文档模具以用于其他绘图)。

2)Visio 图形操作

①Visio 绘制图形的两种方式：

绘图工具栏：可以绘制正方形、长方形、圆、直线和曲线等图形。

使用模具：可以绘制各种各样的专业图形。

②图形的创建：在模具中选择要添加到页面上的图形。用鼠标选取该图形，再把它拖动到页面上适当的位置，然后放开鼠标即可。

③图形的移动：用鼠标拖动图形，则可以将其移动到合适的位置上。

选中第一个图形后，按住【Shift】键，再选择其他的图形。

把鼠标移到其中一个图形上，直到出现十字的箭头符号。

把它拖动到新的位置再放开，所有被选择的图形会以相同的方向及间距移动到新的位置上。

④图形的删除：选中该图形，按【Delete】键即可删除该图形。

⑤调整图形大小：可以通过拖动形状的角、边或底部的手柄来调整形状的大小。

使用"指针"工具，单击"进程(圆形)"形状。

将"指针"工具放置在角选择手柄上方。指针将变成一个双向箭头，表示可以调整该形状的大小。

将选择手柄向里拖动可减小形状。

⑥图形格式修改：可以更改形状(如矩形和圆)的格式设置：填充颜色(形状内的颜色)、填充

图案(形状内的图案)、图案颜色(构成图案的线条的颜色)、线条颜色和图案、线条粗细(线条的粗细)、填充透明度和线条透明度。

3)Visio 文字操作

Visio 添加文字的两种方式:

①向图形添加文本:向形状添加文本,只需单击某个形状然后输入文本;Microsoft Office Visio 会放大以便用户可以看到所输入的文本。

②添加独立的文本:向绘图页添加与任何形状无关的文本,如标题或列表。这种类型的文本称为独立文本或文本块。使用"文本"工具只单击并进行输入。

设置文本格式:设置文本的格式使它成为斜体、加下画线、居中显示,还可以改变文本字体的颜色等,就像在任何 Microsoft Office 软件中设置文本的格式一样。可以使用工具栏上的按钮或"字体"对话框中的选项。

4)Visio 连线操作

Visio 绘制连线的两种方式:

连线工具:可以绘制直线和曲线等连线。

使用模具连接线:绘制各种各样的专业连接线。

①使用"连接线"工具连接形状:使用"连接线"工具时,连接线会在移动其中一个相连形状时自动重排或弯曲。使用"线条"工具连接形状时,连接线不会重排。

②使用模具中的连接线连接形状:使用"连接线"工具时,连接线会在用户移动其中一个相连形状时自动重排或弯曲。使用"线条"工具连接形状时,连接线不会重排。

③向连接线添加文本:可以将文本与连接线一起使用来描述形状之间的关系。向连接线添加文本的方法与向任何形状添加文本的方法相同:只需单击连接线并输入文本。

④修改连线的格式:在连线上右击,选择"格式"→"线条"命令。进入线条编辑页面,可以通过下拉菜单,对线条的图案、粗细、颜色、角度、箭头大小、方向等进行修改。

2.网络拓扑结构图的绘制

1)调研项目概况

某学院校园网建设的一期工程需覆盖教学、办公、学生宿舍区、教工宿舍区,接入信息点约为 2 600 个,投资 400 万元。为实现网络高带宽传输,主干网将采用千兆以太网为主干,百兆光纤到楼,学生宿舍 10 M 带宽到桌面,教工宿舍 100 M 带宽到桌面。

2)调研建筑物布局

该学院校园网将覆盖 41 栋楼房,其中学生宿舍 12 栋,教工宿舍 20 栋,办公楼、实验大楼、计算中心、电教楼、图书馆、招待所、青工楼各一栋,教学楼两栋。网络管理中心已定在电教楼三层。具体的建筑物布局如图 6-2 所示。

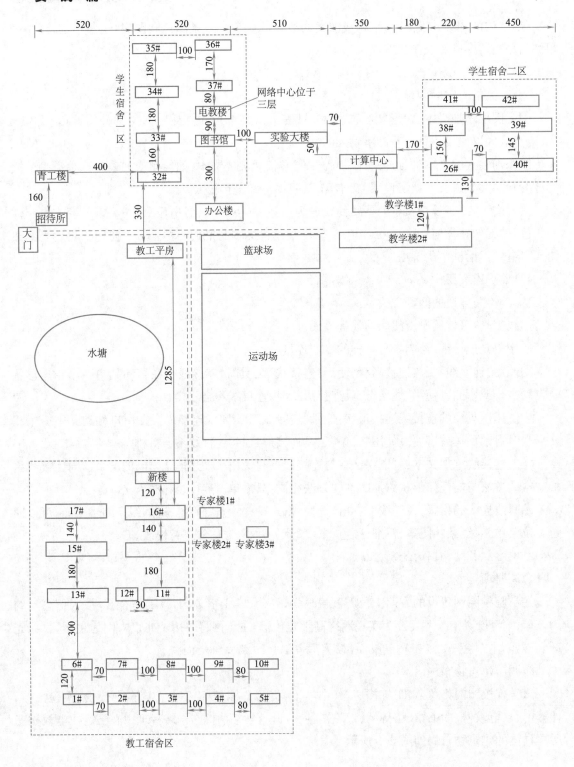

比例尺：1：250

图6-2 学院校园网建筑布局图（单位：mm）

3)确定网络拓扑结构

根据用户需求分析,决定校园网络采用星状网络拓扑结构。学院网络中心的核心交换机为中心点,二区学生宿舍的核心交换机通过 2G 聚合链路连接网络中心核心交换机,教工区的核心交换机也通过 2G 聚合链路连接网络中心核心交换机。学生宿舍一区的各楼宇交换机直接汇聚到网络中心交换机。

4)绘制网络拓扑结构图

利用 Visio 软件完成该校园网网络拓扑结构图的绘制,结构如图 6-3 所示。

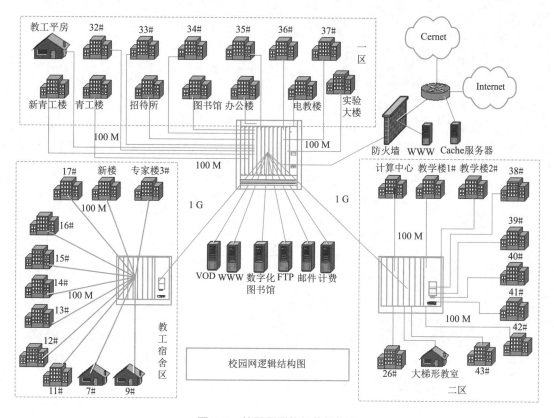

图 6-3　校园网网络拓扑结构图

任务小结

通过本任务的学习,应熟练掌握 Microsoft Visio 工具的用途和操作方法,具备独立完成综合布线网络拓扑图的绘制的能力。

任务二　综合布线系统图的绘制

任务描述

本任务根据校园建筑物布局和网络拓扑结构图,结合建筑物信息点分布数据,完成校园综合布线系统图的绘制。

任务目标

①熟悉网络制作绘图工具 Visio 软件的用途在综合布线工程设计中的用途,熟练掌握 Visio 软件的绘图常规操作。

②熟练掌握综合布线系统网络拓扑图、系统图的绘制标准和技能点。

任务实施

1. 项目网络概况

校园建筑物布局如图 6-2 所示。

该校园网网络拓扑结构图如图 6-3 所示。

2. 信息点统计情况

该院的校园网现有电话网络系统已覆盖整个校园,因此本次综合布线工程不考虑语音电话系统,只考计算机信息点。校园网各建筑物信息点分布情况,如表 6-1 所示,总共计算机信息点为 2 622 个。

表 6-1 校园网建筑信息点分布表

建筑物名称	楼层数	每层房间数	信息点数量
1#	1	5	5
2#	1	5	5
3#	1	5	5
4#	1	5	5
5#	1	5	5
6#	1	5	5
7#	1	5	5
8#	1	5	5
9#	1	5	5
10#	1	5	5
11#	3	6	18
12#	3	6	18
13#	3	6	18
14#	3	6	18
15#	3	6	18
16#	3	6	18
17#	3	6	18
新楼	5	6	30
专家楼 1	2	4	8
专家楼 2	2	4	8

建筑物名称	楼层数	每层房间数	信息点数量
专家楼 3	2	4	8
21#（平房）	1	8	8
26#	3	10	120
32#	3	10	120
33#	4	10	160
34#	4	10	160
35#	4	10	160
36#	4	10	160
37#	4	10	160
38#	4	10	160
39#	5	12	240
40#	5	12	240
41#	5	12	240
42#	5	12	240
办公楼	3	11	50
电教楼	3	5	6
图书馆	3	10	30
实验大楼	5	12	50
计算中心	3	10	28
教学楼 1#	3	20	30
教学楼 2#	6	10	30
总计			2 622

3. 现网情况说明

该学院的计算中心二楼、三楼机房及电机系办公室已组建自己的局域网络，连接计算机达320台。电教楼一层的计算机实验室也已组建了小的局域网络，连接计算机达92台。图书馆一、二、三层已组建了局域网络用于采编，连接计算机达10台。

该学院已指定网管中心设立在电教楼三层，位于学院建筑平面的中心点。

4. 实训环境

一台安装有 Microsoft Visio 2013 软件的计算机。

5. 综合布线子系统的设计

1）工作区子系统的设计

学生宿舍一般通过 HUB 接入校园网网络，因此为了节省工程造价，每个宿舍只安装一个单口信息插座。信息点密集的房间可以选用两口或四口信息插座，如教学楼的多媒体教室、办公室、计算中心机房等，信息插座的数量要根据用户的需求而定。在确定工作区的信息插座数量时，还要考虑未来的发展，因此要预留一定的余量。例如：办公楼的计算机数量还会不断增加，因此建议每间办公室安装两个信息插座。

考虑到校园网中大多数信息点的接入要求达到 100 Mbit/s，考虑随着校园网的应用不断增加,对计算机网络性能要求会越来越高,因此建议校园网内所有信息插座均选用 IBDN Giga Flex PS5E 超 5 类模块。IBDN 超 5 类模块可以满足未来 155 Mbit/s 网络接入的要求。

为了方便用户接入网络,信息插座安装的位置结合房间的布局及计算机安装位置而定,原则上与强电插座相距一定的距离,安装位置距地面 30 cm 以上高度,信息插座与计算机之间的距离不应超过 5 m。

2)水平干线子系统的设计

综合布线系统的水平干线子系统可以考虑采用屏蔽双绞线、非屏蔽双绞线、光缆。光缆价格过高不予考虑。对于屏蔽双绞线,考虑到它存在以下问题:本身特性决定对低频噪声(如交流 50 Hz)难以抑制,在一般情况下与非屏蔽双绞线的效果相当,没有特殊作用。屏蔽双绞线的连接要求制作工艺精良,否则不但起不了屏蔽的作用,反而会引起干扰。

因此经过全面的考虑,该院的综合布线系统的水平干线子系统全部采用非屏蔽双绞线。如果随着环境的变化,校园建筑中确定存在电磁干扰很强的环境,也可以直接考虑使用光缆,而不必采用安装施工较为复杂的屏蔽双绞线。考虑以后的校园网网络的应用,建议整个校园网的楼内水平布线全部采用 IBDN 1200 系列超 5 类非屏蔽双绞线,以便满足以后网络的升级需要。

考虑到该院实施布线的建筑物都没有预埋管线,所以建筑物内的水平干线子系统全部采用明敷 PVC 管槽,并在槽内布设超 5 类非屏蔽双绞线缆的布线方案。原则上 PVC 管槽的敷设应与强电线路相距 30 cm,由于特殊情况 PVC 管槽与强电线路相距很近的情况下,可在 PVC 管槽内安装白铁皮然后再安装线缆,从而达到较好的屏蔽效果。

3)设备间子系统的设计

经实地考察发现,每幢学生宿舍都有两个楼道,而且在 2 层或 3 层楼道都已设置了配电房,可以利用现有的配电房作为设备间。对于学生宿舍楼层较长的,建议采用双设备间的配置方案,如 40♯、41♯、43♯。教工宿舍和办公楼信息点较少,不考虑专门设置设备间。整个校园网的主设备间放置于电教楼三层的网管中心。

由于学生宿舍信息点特别密集,每幢楼分别采用两个高密度交换机堆叠组解决网络接入,因此楼道的设备间必需放置多个交换机、配线架、理线架等设备。考虑设备的密集程度,学生宿舍的管理间必须采用 20U 以上的落地机柜。由于该设备间与配电房共用,因此网络线布设时,注意与强电线路保持 30 cm 的距离。

教工宿舍的信息点较分散且信息点较少,没有必要设立专门的设备间,可以在楼道内安装 6U 墙装机柜,机柜内只需容纳 1 个交换机和 2 个配线架即可。办公楼、图书馆、实验大楼、教学楼的信息点不多,而且以后的信息点扩展的数量不会太多,因此也没有必要设立专门的设备间,可以在合适的楼层处安装 6U 墙装机柜即可。机柜内应配备足够数量的配线架和理线架设备。计算中心已组建了局域网,并已建好的设备间,因此该楼不再考虑设备间的设计问题。

电教楼三层的网络中心根据功能划分为两个区域:一半空间作为机房,另一半作为行政办公区域。网络中心机房采用铝合金框架支撑的玻璃墙进行隔离,全部铺设防静电地板,地板已进行良好接地处理。机房内还安装了一个 10 kV·A 的 UPS,配备的 40 个电池可以满足 8 h 的后备电源供电。为了保证机房内温度的控制,机房内配备了两个 5 匹的柜式空调,空调具备来电自动开机功能。为了保证机房内设备的正常运行,所有设备的外壳及机柜均做好接地处理,以实现良好的电气保护。

4)管理子系统的设计

为了配合水平干线子系统选用的超 5 类非屏蔽双绞线,每个设备间内都应配备 IBDN PS5E 超 5 类 24 口/1U 模块化数据配线架,配线架的数量要根据楼层信息点数量而定。为了方便设备间内线缆管理,设备间内安装相应规格的机柜,机柜内的两个配线架之间还安装 IBDN 理线架,以进行线缆的整理和固定。

为了便于光缆的连接,每幢楼内的设备间内应配备光缆接线箱或机架式配线架,以便端接室外布设进入设备间的光缆。为了端接每个交换机的光纤模块,还应配备一定数量的光纤跳线,以端接交换机光纤模块和配线架上的耦合器。

5)干线子系统的设计

综合布线系统的干线子系统一般采用大对数双绞线或光缆,将各楼层的配线架与设备间的主配线架连接起来。由于大多数建筑物都在 6 层以下,考虑到工程造价,决定采用 4 对 UTP 双绞线作为主干线缆。对于楼层较长的学生宿舍,将采用双主干设计方案,两个主干通道分别连接两个设备间。

对于新建的学生宿舍及教学大楼都预留了电缆井,可以直接在电缆井中铺设大对数双绞线,为了支撑垂直主干电缆,在电缆井中固定了三角钢架,可将电缆绑扎在三角钢架上。对于旧的学生宿舍、办公大楼、实验大楼、图书馆,要开凿直径 20 cm 的电缆井并安装 PVC 管,然后再布设垂直主干电缆。

6)建筑群子系统的设计

从校园建筑布局图可以看出,整个校园比较分散,且相互距离较远,因此把校园划分为 3 个片区,每个区的光纤汇集到该区设备间,再从各区设备间敷设光纤到主配线终端。

主配线终端位于电教楼 3 层网络中心机房内,它直接连接学生宿舍一区内的光纤,并连接学生宿舍二区和教学宿舍区的上行光纤。学生宿舍二区的设备间位于 26 栋的配电房,教工宿舍区的设备间位于 12 栋。

校园内建筑物之间的距离很近,只有网络中心机房与教工区设备间之间的跨距、网络中心机房与学生宿舍二区设备间之间的跨距较远,均已超过 550 m,其他建筑物之间的跨距不超过 500 m,因此除了网络中心机房与教工区、学生宿舍二区设备间之间布设 12 芯单模光纤外,其他建筑物之间的光缆均选用 6 芯 50 μm 多模光缆进行布线。由于该学院原有的闭路电视线、电话线全部采用架空方式安装,而且目前建筑物之间没有现成的电缆沟,经过与院方交流意见,决定所有光纤采用架空方式铺设。铺设光纤时,尽量沿着现有的闭路电视或电话线路的路由进行安装,从而保持校园内的环境美观要求,也可以加快工程进度。

教工宿舍中有 10 幢平房,每幢平房的信息点只有 5 个,每幢平房之间采用光纤连接造价太高。通过实地考察,决定拉两条光缆分别接 7 栋和 9 栋,然后各幢平房之间埋设铁管,在铁管内布设充油非屏蔽双绞电缆,以连接各幢与 7 栋或 9 栋的交换机,最后要对埋设的铁管实施接地处理。

6.综合布线系统结构图的绘制

根据子系统的设计规划,利用 Visio 软件绘制该院校园网综合布线系统结构图,效果如

图6-4所示。

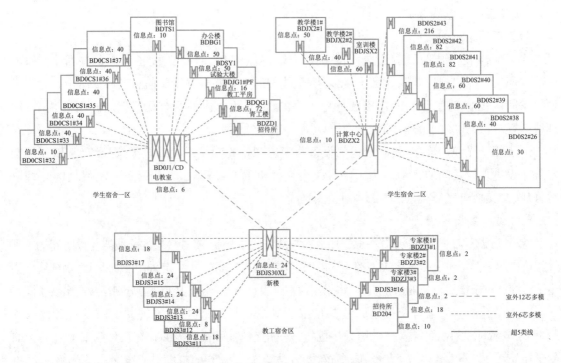

图6-4 校园网综合布线系统结构图

该校网络综合布线系统图由学生宿舍一区、学生宿舍二区、教工宿舍区3部分组成,3个区域都通过室外多模光缆汇聚到网管中心。

任务小结

综合布线系统结构图作为全面概括布线全貌的示意图,主要描述进行间、设备间、电信间的设置情况,各布线子系统缆线的型号。规格和整体布线系统结构等内容。通过本任务的学习,掌握综合布线系统图的绘制、工作区子系统、水平子系统、管理子系统、垂直干线子系统、设备间子系统和建筑群子系统的设计方法。

任务三　综合布线系统施工图的绘制

任务描述

综合布线完成设计阶段工作后,就进入安装施工阶段,安装施工的依据是综合布线工程施工,本任务将介绍综合布线施工图的绘制标准与操作步骤。

任务目标

熟练掌握综合布线系统网络拓扑图、系统图和施工平面图的绘制标准和技能点,具备独立完成小型系统综合布线系统设计的能力。

任务实施

实训环境：一台安装有 AutoCAD 2014 软件的计算机。

1. AutoCAD 软件工具

1）AutoCAD 的基本功能和特点

AutoCAD 广泛应用在综合布线的设计中，当建设单位提供了建筑物的 CAD 建筑图纸的电子文档后，设计人员要在建筑图纸上进行布线系统的设计。AutoCAD 在网络工程中主要用于综合布线管线设计图、楼层信息点分布图和布线施工图等。

（1）AutoCAD 中提供了丰富的绘图工具，利用它们可以绘制直线、圆、矩形、多边形、椭圆等基本图形，再借助修改工具对其进行相应的修改，便可以绘制各种平面图。

（2）利用 AutoCAD 新增的参数化绘图功能，可以动态地控制图形对象的形状、大小和位置，从而高效地对图形进行修改。

（3）对所绘图形进行尺寸标注和文字注释（如表面处理要求、加工注意事项等）是整个绘图过程中不可缺少的一步。在 AutoCAD 中，系统提供了一套完整的尺寸标注与编辑命令，使用它们可以方便地为二维和三维图形标注各种尺寸，如线性尺寸、角度、直径、半径、公差等。

2）AutoCAD 的操作界面

AutoCAD 的界面包括标题栏、"应用程序"按钮、快速访问工具栏、功能区、绘图区、经典菜单栏与快捷菜单、命令行与文本窗口、状态栏等部分，如图 6-5 所示。

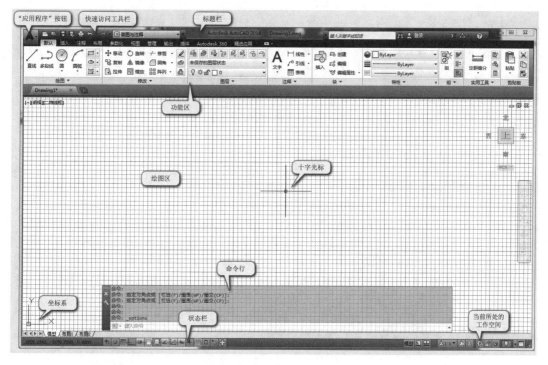

图 6-5　AutoCAD 界面

（1）标题栏

标题栏位于 AutoCAD 窗口的最上端，用于显示当前正在运行的程序名及文件名（如 Autodesk AutoCAD 2014 Drawing l. dwg）。

标题栏中的文件名右侧是 AutoCAD 的信息中心，在其编辑框中输入需要帮助的问题，然后单击"搜索"按钮〈🔍〉，可获得相关的帮助，如果直接单击"单击此处访问帮助"按钮❓，则可打开 AutoCAD 的帮助窗口。此外，单击"通信中心"按钮，可获得最新的软件信息，单击"收藏夹"按钮，可以收藏一些重要信息，以便随时查看。

（2）"应用程序"按钮

"应用程序"按钮〈🅰〉位于 AutoCAD 操作界面的左上角，单击该按钮，将弹出下拉菜单，从中可选择"新建""打开""保存""输出""打印""查找"等命令。

（3）快速访问工具栏

快速访问工具栏位于"应用程序"按钮的右侧，用于放置一些使用频率较高的命令按钮。默认情况下，快速访问工具栏中只有"新建""打开""打印""保存""撤销""恢复"6 个常用按钮，用户可根据需要在该工具栏中添加或删除按钮，方法是单击其右侧的按钮，在弹出的下拉列表中选择所需命令。

（4）功能区

AutoCAD 将大部分命令分类组织在功能区的不同选项卡中，如"常用"选项卡、"插入"选项卡等，如图 6-6 所示。单击某个选项卡标签，可切换到该选项卡。在每一个选项卡中，命令又被分类放置在不同的面板中。

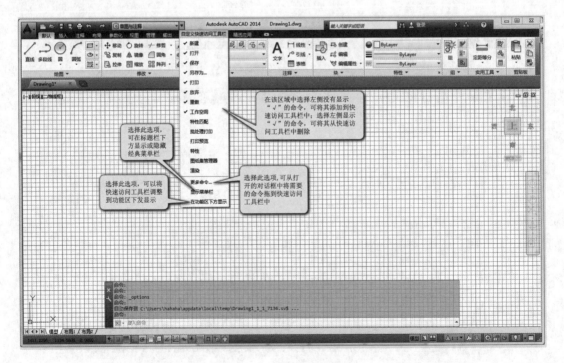

图 6-6　AutoCAD 功能区

（5）经典菜单栏和快捷菜单

经典菜单栏分类存放着 AutoCAD 的大部分命令，要执行某项命令，可单击该命令所在的主菜单名称，打开一个下拉菜单，然后继续选择需要的菜单项即可。

（6）绘图区

AutoCAD 的十字光标用来指示当前的操作位置，移动鼠标时十字光标将随之移动，并在状态栏中显示十字光标所在位置的坐标值。

坐标系图标反映了当前坐标系的类型、原点和 X、Y 轴方向。默认情况下，系统采用世界坐标系（World Coordinate System，WCS）。如果重新设置了坐标系原点或调整了坐标系的其他设置，世界坐标系将变成用户坐标系（User Coordinate Systen，UCS），如图 6-6 所示。

（7）命令行与文本窗口

命令行是一个交互式窗口，用户可以通过命令行输入 AutoCAD 的各种命令及参数，而命令行也会显示出各命令的具体操作过程和信息提示。例如：在命令行中输入"LINE"并按【Enter】键，此时命令行窗口将提示用户指定直线的第一点。

文本窗口是记录 AutoCAD 所执行过的命令的窗口，它实际上是放大的命令行窗口。单击"视图"选项卡"窗口"面板中的"文本窗口"按钮或按【F2】键都可以打开 AutoCAD 的文本窗口。此外，通过按快捷键【Ctrl＋9】还可以控制是否显示命令行。

（8）状态栏

状态栏位于 AutoCAD 操作界面的最下方，主要用于显示当前十字光标的坐标值，以及控制用于精确绘图的捕捉、栅格、正交、极轴追踪、对象捕捉、对象追踪等选项的打开与关闭；此外，还可以利用状态栏缩放和平移视图，调整注释比例和可见性，以及切换工作空间等。

2.综合布线系统施工图的绘制

1）项目需求

"YY 公司"位于大楼的 5 楼，该大楼各楼层内均设有一个弱电间供综合布线线缆敷设及端接使用。大楼综合布线主干系统已敷设完毕且正常运行，各租赁公司只需按大楼管理处要求按需接入大楼综合布线主干系统，即可经由大楼中心网络设备接入大楼网络及接入 Internet。大楼建筑物配线间设置在大楼第 3 层。

2）建筑物平面图

"YY 公司"办公区平面图如图 6-7 所示。

3）信息点统计

YY 公司办公区对应功能、信息点数量需求说明对照如表 6-2 所示。

表 6-2　YY 公司办公区对应功能、信息点数量需求说明对照表

房间号	房间作用	人员数量	数据信息点数量	语音信息点数量
501	总经理办公室	1	1	1
502	副总经理办公室	2	2	2
503	存储事业部办公室	8	8	8
504	技术开发部办公室	6	6	6

房间号	房间作用	人员数量	数据信息点数量	语音信息点数量
505	软件开发部办公室	8	8	8
506	评测室/多功能会议室③		3	3
507	市场部办公室	10	10	10
508	多功能会议室②		3	3
509	系统工程部办公室	9	9	9
510	信息处理机房			
511	人事/财务办公室	5	5	5
512	多功能会议室①		3	3
前台	接待区	1	1	1

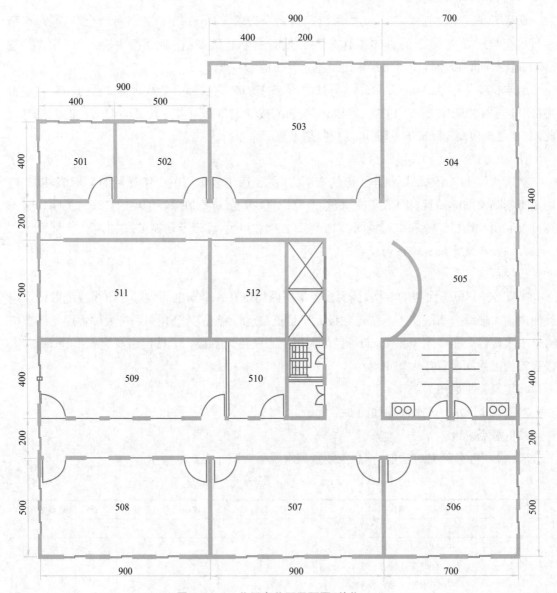

图6-7　YY公司办公区平面图(单位:cm)

4)综合布线施工图的绘制

(1)制作单间房间的综合布线系统平面图

对照描述要求,确定要安装的信息点数量,绘制出信息点,效果如图 6-8 所示。该连接线在连接水平布线子系统的过程中,包含两条链路,其中一条连接数据接口Ⓓ,另一条连接语音接口Ⓥ。为了标明这条直线代表含有两条非屏蔽双绞线(UTP)链路,用 2UTP 加以表示。

(2)制作整个综合布线系统施工平面图

在总平面图上,对各房间按照需要画出它们的布线路由,制作整个综合布线系统施工平面图,制作效果如图 6-9 所示。

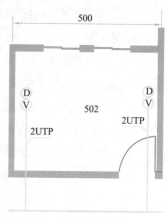

图 6-8 单间房系统平面图效果(单位:cm)

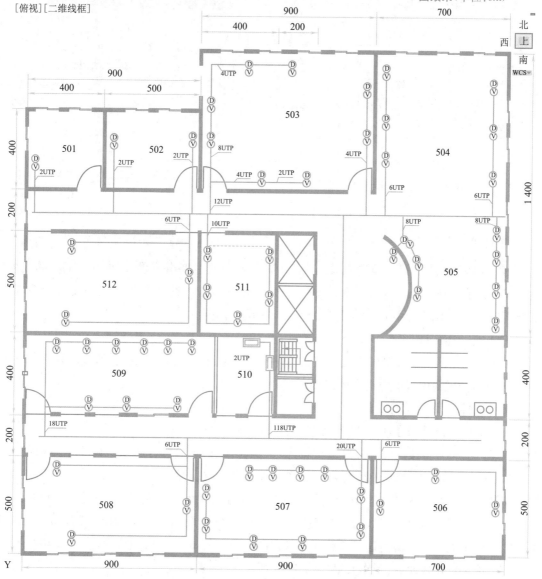

图 6-9 "YY 公司"综合布线系统施工图(单位:cm)

"503 室"局部平面图如图 6-10 所示。

图中 1 标识位置为 503 室总的线缆数量 12 根,这个标识说明不能省略;

图中 2 标识位置为两个方向分开后的前点,该位置同样表示了后续有多少条网线通过该位置的功能,所以这个标识说明也不能省略;

图中 3 标识位置为链路的尾端位置,该位置可以加标识,说明有多少条网线通过该位置;图中 4 标识位置处也可以不再加标识。

"510 室"局部平面图如图 6-11 所示。

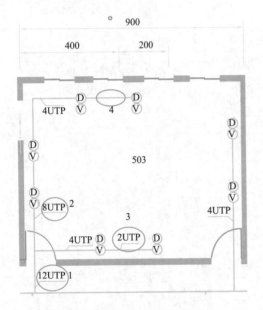

图 6-10 "503 室"的局部平面图(单位:cm)

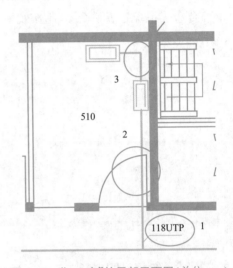

图 6-11 "510 室"的局部平面图(单位:cm)

图中 1 标识位置为所有电缆归总连入 510 室网络机柜的路由位置,该位置所拥有的线缆数量应该比其他任何一个位置的电缆数量都要多,所以该位置的线条需用较粗的线条标识,以表示与其他地方的不同。另外,还需要有线缆数量的图标说明。

"511 室"平面图如图 6-12 所示。

在各个工作区子系统接口模块连接到水平子系统线缆的过程中,不能形成环路。如图 6-12 右图所示的虚线位置即为错误的连接方式。

(3)编制整个图层信息点的编号

对各信息点进行编号,以 502 室为例,编号效果如图 6-13 所示。

信息点的编号可按房间的顺序进行排序,502 室有两个信息点,所以这两个信息点的编号应该为 05D02、05D03 和 05V02、05V03,但哪个取前哪个取后呢? 一般定义遵循以下规则:第一按房间顺序排序,第二按房间内顺序排序。房间内顺序可接入门从左往右顺时针方向定义。按照以上定义规则,502 室入门左边的信息点中数据接口应命名为 05D02、语音接口应命名为 05V02;502 室入门右边的信息点中数据接口应命名为 05D03、语音接口应命名为 05V03。

各个信息点接口命名,制作效果如图 6-14 所示。

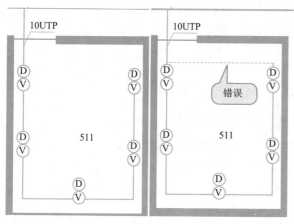

图 6-12 "511 室"平面图(单位:cm)

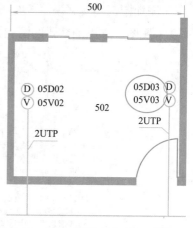

图 6-13 "502 室"编号效果图(单位:cm)

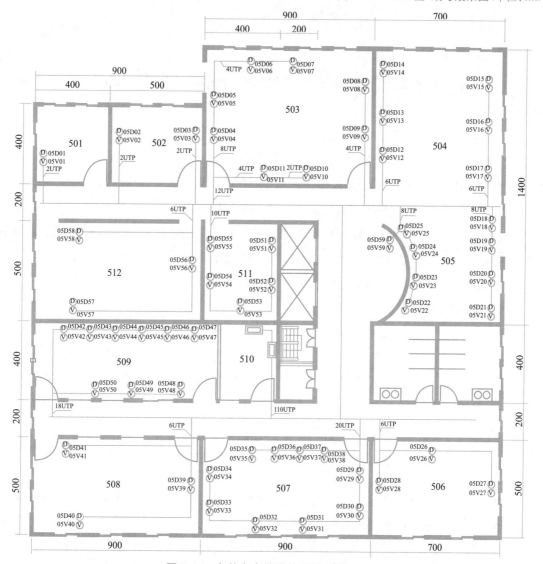

图 6-14 各信息点编号效果图(单位:cm)

(4)添加图例和文字说明

在平面图下方添加必要的图例和文字说明,效果如图 6-15 所示。

图例:

Ⓓ数据接口　Ⓥ　语音接口　▭ 网络机柜　**UTP** UTP线缆数量说明

说明:

(1)信息点共118个,其中数据信息点59个,语音信息点接口59个。

(2)每个工作区子系统均各采用一条59非屏蔽双绞线连接数据和语音信息点。

(3)垂直子系统线缆采用六芯室内光纤连接大楼数据网络;采用100对3类大对数电缆连接大楼语音网络。

(4)信息点编号说明:XYN。

　　X:代表楼层编号;

　　Y:代表该信息点时数据接口或语音接口,数据接口为D,语音接口为V;

　　N:代表该信息点的顺序号。

(5)各信息点安装时重心离地30 cm。

图 6-15　图例及文字说明效果

图例和文字说明的内容包括:

①图例内容:"数据接口"图例、"语音接口"图例、"网络机柜"图例、"UTP 线缆数量说明"图例。

②文字说明内容:

a. 信息点个数,包括:数据信息点个数,语音信息点个数。

b. 每个工作区子系统各采用的是哪种传输介质连接数据和语音信息点。

c. 垂直子系统线缆采用哪种传输介质连接大楼数据网络及大楼语音网络。

d. 信息点编号方法说明:XYN(X:代表楼层编号;Y:代表该信息点为数据接口或语音接口,数据接口为 D、语音接口为 V;N:代表该信息点的顺序号)。

e. 各信息点安装时中心离地距离。

(5)制作信息说明

在图例说明的旁边添加制作信息说明,效果如表 6-3 所示。

表 6-3　制作信息说明

项目名称	制作人	×××
Ｙ Ｙ公司综合布线系统建设工程施工平面图	制作时间	××年××月××日
	图纸版本	2001/1/1

完成平面图后,该设计可能会因为讨论或其他情况而发生改变,每改变一次应做相应修改,同时在保留原有设计底稿的情况下要与其有所区别,所以应在设计的最后阶段,加入设计的项目、名称、制作人、制作时间和图纸版本等说明信息,以便日后查询及对比等。

至此,"YY 公司"综合布线系统施工平面图就已完成,最终制作效果如图 6-16 所示。

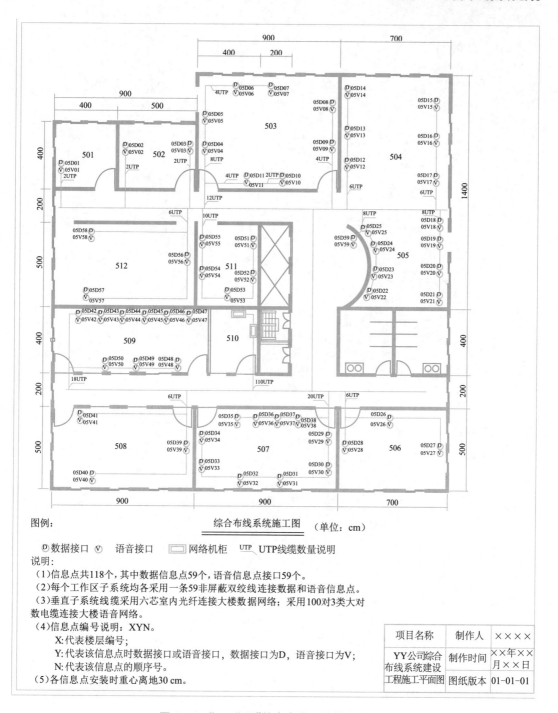

图 6-16 "YY 公司"综合布线系统施工平面图

任务小结

通过本任务的学习,应熟悉 AutoCAD 绘图的常规操作,掌握综合布线系统施工平面图绘制原则、标准与方法。

案例篇

引言

随着全球社会信息化和经济国际化的深入发展，信息网络系统变得越来越重要，已经成为一个国家最重要的基础设施，是一个国家经济实力的重要标志。网络布线是信息网络系统的"神经系"；网络系统规模越来越大，网络结构越来越复杂，网络功能越来越多，网络管理维护越来越困难，网络故障系统的影响也越来越大。网络布线系统关系到网络的性能、投资、使用和维护等诸多方面，是网络信息系统不可分割的重要组成部分。

网络综合布线系统对网络的性能、规划、维护和管理提供了很大的便利。当下，综合布线系统的使用范围越来越广泛，可以应用在政府、金融、教育、公安、医疗、运营商等不同行业领域，是建筑物内的"信息高速路"。

学习目标

(1)掌握综合布线工程项目方案设计的工作流程、需求分析、路由设计、工程量统计和图纸绘制。

(2)熟悉项目流程管理内容，明确项目经理工程管理任务与职能。

(3)掌握工程现场信息管理、合同管理、库房管理和物资进销存管理等技术。

(4)熟悉验收的流程、标准、内容与组织形式。

(5)掌握工程随工验收和工程竣工验收的技能。

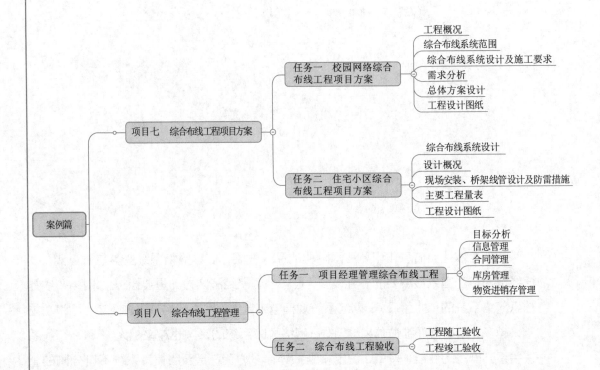

案例篇

项目七　综合布线工程项目方案

任务一　校园网络综合布线工程项目方案
- 工程概况
- 综合布线系统范围
- 综合布线系统设计及施工要求
- 需求分析
- 总体方案设计
- 工程设计图纸

任务二　住宅小区综合布线工程项目方案
- 综合布线系统设计
- 设计概况
- 现场安装、桥架线管设计及防雷措施
- 主要工程量表
- 工程设计图纸

项目八　综合布线工程管理

任务一　项目经理管理综合布线工程
- 目标分析
- 信息管理
- 合同管理
- 库房管理
- 物资进销存管理

任务二　综合布线工程验收
- 工程随工验收
- 工程竣工验收

项目七 综合布线工程项目方案

任务一　校园网络综合布线工程项目方案

任务描述

1.本任务是对一所新建的大学校园进行网络综合布线工程项目方案的设计。

2.通过了解综合布线系统的项目背景,功能设计要素以及技术要素,确定综合布线系统各部分性能要求,提出总体方案设计,并输出工程设计图纸。

任务目标

掌握校园网络综合布线工程项目方案设计的工作流程、需求分析、路由设计、工程量统计和图纸绘制。

任务实施

一、工程概况

某大学新建的校园网包括教学楼、办公楼、图书馆、教工宿舍和学生宿舍在内的总计约8 000个信息点,主要解决整个学校的教师及学生信息化管理和对教育网的访问,建成后的校园网将为8 000多名师生提供信息服务。

校园网的建设包括4个区域的建设,分别是核心区、图书馆、计算机中心和学生社区。其中核心区包括500个左右的信息点,图书馆区域包括300个左右的信息点,计算机中心区域包括200个左右的信息点,学生社区包括7 000个左右的信息点。

核心区:网络中心设在网络中心大楼的二层,从网络中心到院行政办公楼、系行政办公楼、综合教学楼、教师交流中心、教师宿舍、网络技术与工程中心均采用6芯单模铠装光缆连接相应楼层的二级配线间。

图书馆区域：网络分中心设在图书馆二层，从分中心至网络中心采用 12 芯单模铠装光缆连接。在该区域的电子阅览室、馆内办公楼、实训中心，实验楼、学术交流中心分别设立三级配线间，从分中心到各三级配线间除到电子阅览室采用 6 芯单模铠装光缆连接外，其他均采用 6 芯多模铠装光缆连接。

计算机中心区域：网络分中心设在计算机中心大楼二层，从分中心至网络中心采用 12 芯单模铠装光缆连接。在该区域的 13 个中心机房均采用 6 芯多模铠装光缆连接。

学生社区区域：网络分中心设在学生宿舍管理办公室，从分中心至网络中心采用 24 芯单模铠装光缆连接。在该区域的各个中心机房均采用 8 芯多模铠装光缆连接学生处及学生活动中心等三级配线间。

该区域主要是针对学生宿舍的信息化服务，集中了该校校园网络的主要信息流，如图 7-1 所示。

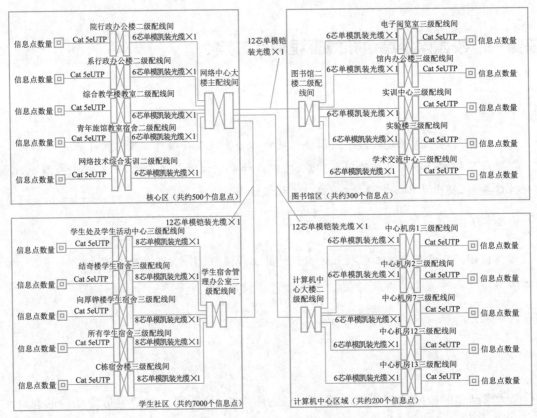

图 7-1　学生宿舍楼布线图

这里以系统中的某学生宿舍楼综合布线系统为例说明。

二、综合布线系统范围

学生宿舍布线系统涉及 4 个子系统，即工作区子系统、配线子系统、管理子系统、设备间子系统。

三、综合布线系统设计及施工要求

网络拓扑结构采用以 C414 房为中心，向各个楼层宿舍发散的星状连接。

　　水平子系统是指大楼内水平电缆系统,埋设暗管或敷设线槽、桥架等,按吊顶上和机房地板下两种方式布放;水平子系统对应 UTP 信息插座要求全部采用超 5 类 4 对 UTP 电缆配置。

　　管理子系统中,数据系统的 UTP 铜缆设备全部采用标准的 19 英寸规格产品。端接数据点的配线架应采用 19 英寸标准的 RJ-45 模块式配线架。

　　设备间所需的端接设备均应为 19 英寸标准,机柜要留有充足的余量用于安装网络设备。

四、需求分析

1)系统需求

校园宿舍的网络系统其基本需求按所住学生数量每人分配一个信息点,具体见本节的图纸。

2)桥架及管线

管线属于设计范围,相应的管线走向及敷设方式就现场的情况,室外均采用镀锌线槽吊装方式敷设。宿舍内部采用 24 mm×14 mm PVC 线槽沿墙敷设至信息点的底盒插座处。

3)工程施工内容及要求

工程施工包括线路敷设、配线机柜安装、配线架和跳线架安装、线缆端接、信息模块端接及相关的全套工作。

五、总体方案设计

　　综合布线系统总体方案设计是在充分分析和理解综合布线系统需求的基础上进行的,对校园网综合布线系统的布线系统组成、总体网络结构、系统设备配置及产品选型、系统技术指标提出了合理的方案。

　　本方案设计拓扑结构如图 7-2 所示。

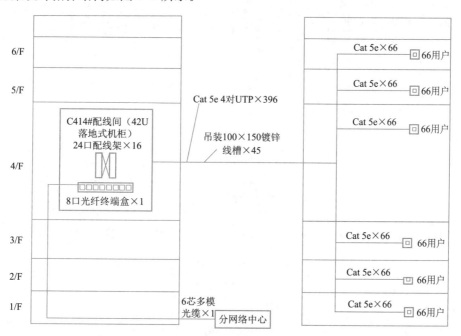

图 7-2　布线系统拓扑结构图

六、工程设计图纸

学生集体宿舍平面路由结构，如图 7-3 所示。

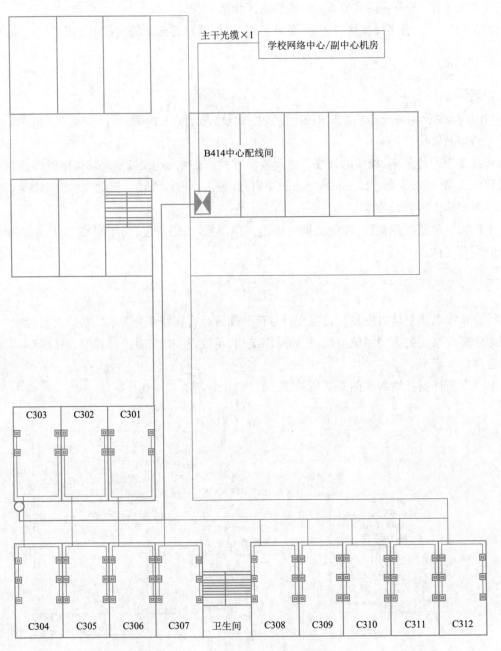

图 7-3　宿舍平面路由结构图

任务小结

综合布线系统总体方案设计是在充分分析和理解综合布线系统需求的基础上进行的，对校园网综合布线系统的布线系统组成、总体网络结构、系统设备配置及产品选型、系统技术指标提出了合理的方案。

任务二　住宅小区综合布线工程项目方案

任务描述

本任务是对某新建住宅小区进行网络综合布线工程项目方案的设计。通过了解综合布线系统的项目背景，功能设计要素以及技术要素，确定综合布线系统各部分性能要求，提出总体方案设计，并输出工程设计图纸。

学习目标

掌握住宅小区综合布线工程项目方案设计的原则、工作流程、工作任务和方法。

任务实施

一、综合布线系统设计

1）需求分析

对小区计算机网络功能要求如下：

每栋楼住户的计算机都可以通过布线系统与分配线间的交换机相连，从而实现高速上网。

根据住宅小区的实际情况，信息点数分布按每户一个信息点的原则进行设计，根据此原则住宅小区共设置 875 个信息点，如表 7-1 所示。

表 7-1　信息点分布

区位	楼层	户数/层	信息点数/户	小计
A 栋	2～9	21	1	168
B 栋	2～9	21	1	168
C1 栋	2～8	9	1	63
C2 栋	2～8	5	1	35
D 栋	2～8	6	1	42
E 栋	2～8	9	1	63
F1 栋	2～9	4	1	32
F2 栋	2～9	10	1	80
G 栋	2～9	28	1	224
			总计	875

2）系统设计

根据实际情况，在 B 栋首层 2 梯楼梯间旁靠墙位置设 1 个中心机柜，分别在 A、B、C1、C2、

D、F1、F2 栋的首层楼梯间左手边靠墙位置各设置 1 个分配线间(另外,A、B 栋 3 梯、4 梯、5 梯分配线间设在二层),每个分配线间各自管理本栋楼的住户,充分满足将来各项网络业务的开展。从分配线间采用室内超 5 类 4 对 UTP 到各个住户工作区的信息出口,最后通过 RJ-45 跳线连接用户终端,从而实现数据系统布线连接。

根据将来网络通信的需求及成本的控制,本方案水平全部采用 VCOM 超 5 类布线系统,主干采用 VCOM 室外光缆和室外 4 对 UTP 电缆。布线系统采用模块化设计,星状拓扑结构,最易于将来布线上的扩充及重新配置。配置上要考虑先进的通信性能,并充分考虑使用的灵活性和适应性,外观同建筑的整体效果配合。

(1)工作区子系统

工作区子系统布线由信息插座至终端设备的连线组成,一般是指用户的信息端口。本工程工作区按照信息点进行划分,一个信息点为一个标准工作区,信息端口安装在每个住户的门口位置,采用明敷 PVC 线槽,本设计根据小区及要求,水平布放线缆时线缆只布放到每个住户的大门处,不加设底盒,只在前端做好 RJ-45 水晶头,便于线路测试。

(2)配线子系统

数据信息点的水平数据线缆采用 VCOM 室内 4 对超 5 类 UTP 系列。水平线缆从 IDF 机柜引出后,通过水平线槽及垂直线槽连接到客户指定位置。

(3)管理子系统

根据各个配线间管理的信息点数及网络的需求,选择不同的配线架。分配线间有多少间合适,决定了整个布线成本的多少。从设计上看要基本考虑到距离、管道等因素,按照"在不影响性能基础上,最大程度节省成本"的出发点设计。

本方案设 1 个中心机柜(MDF)、30 个分配线间(DF)。其中:

①A 栋二层 4 梯分配线间上的配线架分别用 4 条室外 25 对双绞线与 A 栋二层 3 梯和 5 梯分配线间的配线架相连,然后从 A 栋二层 4 梯分配线间的交换机用 1 条室外 4 对 UTP 与主设备间(MDF)相连。

②A 栋首层 2 梯分配线间上的配线架分别用 4 条室外 25 对双纹线与 A 栋首层 1 梯分配线间线架相连,然后从 A 栋 1 梯分配线间的交换机用 1 条室外 UP 与主设备间(MDF)形成级联。

③B 栋二层 4 梯分配线间上的配线架分别用 4 条室外 25 对双绞线与 B 栋二层 3 梯和 5 梯分配线间的配线架相连,然后从 B 栋二层 4 梯分配线间的交换机用 1 条室外 4 对 UTP 与主设备间(MDF)相连。

④B 栋首层 2 梯分配线间上的配线架分别用 4 条室外 25 对双绞线与 B 栋首层 1 梯分配线间的配线架相连,然后从 B 栋 1 梯分配线间的交换机用 1 条室外 UTP 与主设备间(MDF)形成级联。

⑤C1 栋首层 1、2 梯分配线间上的配线架分别用 3 条室外 25 对双绞线与 C2 栋 3 梯分配线间的配线架相连,然后从 C2 栋 3 梯分配线间的交换机用 1 条室外 UTP 与主设备间(MDF)形成级联。

⑥D 栋首层 1、2 梯分配线间上的配线架分别用 2 条室外 25 对双绞线与 D 栋 3 梯分配线间

的配线架相连,然后从 D 栋 3 梯分配线间的交换机用 1 条 6 芯多模光缆与主设备间(MDF)形成。

⑦E 栋首层 1、2 梯分配线间上的配线架分别用 2 条室外 25 对双绞线与 E 栋 3 梯分配线间的配线架相连,然后从 E 栋 3 梯分配线间的交换机用 1 条 6 芯多模光缆与主设备间(MDF)形成级联。

⑧F2 栋首层 3、4,F1 首层 1、2 梯分配线间上的配线架分别用 2 条室外 25 对双绞线与 F2 栋 5 梯分配线间的配线架相连,然后从 F2 栋 5 梯分配线间的交换机用 1 条 6 芯多模光缆与主设备间(MDF)形成级联。

⑨F2 栋首层 6 梯分配线间上的配线架分别用 2 条室外 25 对双绞线与 F2 栋 7 梯分配线间的配线架相连,然后从 F2 栋 7 梯分配线间的交换机用 1 条 6 芯多模光缆与主设备间(MDF)形成级联。

⑩G 栋首层 1 梯分配线间上的配线架分别用 5 根室外 25 对双绞线与 G 栋 2 梯分配线间的配线架相连,然后从 G 栋 2 梯分配线间的交换机用 1 条 6 芯多模光缆与主设备间形成级联。

⑪G 栋首层 1 梯分配线间上的配线架分别用 5 根室外 25 对双绞线与 G 栋 2 梯分配线间的配线架相连,然后从 G 栋 2 梯分配线间的交换机用 1 条 6 芯多模光缆与主设备间形成级联。

(4)垂直干线子系统

在主机房和每栋楼分配线间(即从主配线间至各分配线间)距离小于 90 m 的采用室外 4 对 UTP 电缆,对于距离超出 90 m 部分,均采用室外 6 芯多模光缆连接至各分配线间。

(5)设备间子系统

主机房采用 VCOM 标准 19 英寸 42U 规格落地式机柜,配标准电源插座。分配线间采用 VCOM 标准 19 英寸 12U 或定做机柜,并配有电源插座。

二、设计概况

1)工程概况

本工程(某小区)位于某地区旧城区的中心地段,本设计需宽带接入的住宅在某小区和惠福路之间濠畔街一侧,分为 A 栋、B 栋、C1 栋、C2 栋、D 栋、E 栋、F1、F2 栋、G 栋,这些楼之间都有一定的人行道或空地间隔,这些楼房一层为商铺或仓库,其中:

①B 栋为 9 层,2～9 层为标准层,每层有 21 户。

②C1、C2 栋为 8 层,2～8 层为标准层,C1 栋每层有 14 户,C2 栋每层有 6 户。

③D 栋 8 层,2～8 层为标准层,每层有 6 户。

④E 栋 8 层,2～8 层为标准层,每层有 9 户。

⑤F1、F2 栋为 9 层,2～9 层为标准层,每层总计有 14 户。

⑥G 栋为 9 层,2～9 层为标准层,每层有 28 户。

本管理区从 A 栋到 G 栋首层层高均为 4.5 m,标准层层高为 3 m。小区共设置 875 个信息点。

本设计包含网络综合布线、线槽部分的设计。

2)设计范围及分工

综合布线及管槽部分范围:各楼内的水平、垂直线槽(管),由各个楼层配线间至各个信息点的超 5 类双绞线的布放,设计时根据要求(水平布线只要求布放到各楼层入户大门旁即可,并预留 0.4 mm),各个楼层配线间至主设备间的光缆、超 5 类双绞线的布放。光缆配线架和 BIX 配线架安装、机柜安装等(本设计不考虑网络设备部分)。本设计不设置中心机房,(主配线间)中心机柜安放在 B 栋首层近 2 梯靠墙处。

三、现场安装、桥架线管设计及防雷措施

对于大楼整个布线系统,全部采用线槽和线管来完成线缆的保护。本工程水平电缆采用线槽传送,垂直电缆采用线管/线槽传送。

根据建筑物实际情况,每栋垂直主线管采用 60×40 规格的 PVC 难燃线槽,本楼梯单元水平采用 24 mm×14 mm PVC 难燃线槽沿墙明敷。楼梯间之间采用室外 25 对双绞线时采用穿直径为 50 mm 的 PVC 线槽方式,其敷设的高度为 2.5 m(施工时参考电信电缆布放高度),从 1 楼管理线架顶部一直往上敷设,垂直布线时需对每层楼板进行打孔,其打孔的尺寸为 100 mm×50 m,位置在楼梯靠墙一侧,以方便线槽顺利敷设至 1 楼、2 楼直至楼顶住户的大门口,光缆接入中心机柜穿镀锌铁管(直径为 50 m)敷设至中心机柜顶部再沿竖向镀锌铁管入布线机柜内,镀锌管用角铁支架支托,两角铁之间的距离大约为 1.5~2 m,镀锌管安装高度为 4.5 m(光缆在沿镀锌铁管走线时在其转弯或拐角处需满足光缆曲率的要求)。施工中全部用人工放缆,不得硬拉,避免因机械操作损害光缆,并对线缆进行标记,放线时特别注意光缆的转弯位置的处理(保持一定的转弯半径),避免造成光缆受损。

对于水平电缆,将从各个分配线架沿着线槽、线管到达信息口,施工中也要采用人工放线的方法,同时不得硬拉。用铁丝牵引通过线管,要避免因拉力过大而损坏电缆结构,造成系统性能下降。放线时特别注意电缆的转弯位置的处理(保持一定的转弯半径),避免造成铜缆受损。同时,对电缆进行逐条标记,以免因电缆数目过多而在主配线一侧造成混乱。在分配线间预留足够的线供端接和制作使用。

四、主要工程量表

布线系统主要工程量如表 7-2 所示。

表 7-2 布线系统主要工程量计算表

序号	项目名称	单位	数量	备注
1	布放室内 4 对双绞线	百米	221	
2	布放室外 4 对双绞线	米	208	
3	布放 6 芯室外多模光缆	米	1 157	
4	布放室外 25 对双绞线	米	1 204	
5	布放安装 24×14 线槽	米	4 200	
6	布放安装 60×40 线槽	米	1 350	

续表

序号	项目名称	单位	数量	备注
7	安装 50 对 110 型配线架	个	140	
8	安装 6/12 口光缆配线架	个	6	
9	安装 12/24 口光缆配线架	个	2	
10	光缆头制作	个	72	
11	安装 Φ50 镀锌铁管	米	280	
12	安装 Φ50PVC 线管	米	1 300	

五、工程设计图纸

该小区平面及局部放大平面路由结构图,如图 7-4 和图 7-5 所示,B 栋标准平面图如图 7-6 所示。

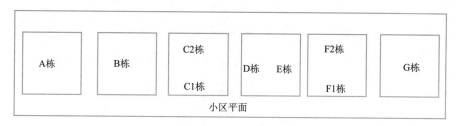

图 7-4　小区平面图

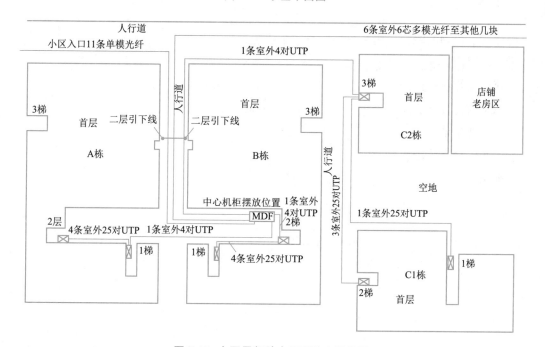

图 7-5　小区局部放大平面路由结构图

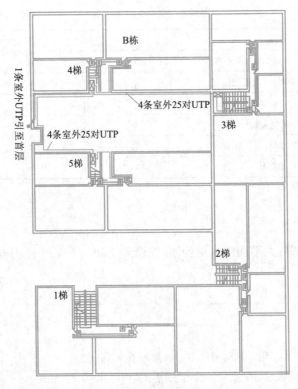

图 7-6　B 栋标准平面图

🔗 **任务小结**

设计一个合理的综合布线系统一般有 7 个步骤：

①分析用户需求。

②获取建筑物平面图。

③系统结构设计。

④可行性论证。

⑤绘制综合布线施工图。

⑥编制综合布线用料清单。

项目八 综合布线工程管理

任务一　项目经理管理综合布线工程

▣ 任务描述

本任务介绍综合布线工程管理中项目经理的工作职责。

▣ 任务目标

①掌握工程管理组织结构的设计及人员安排。
②掌握工程的现场信息管理、合同管理、库房管理和物资进销存管理等。

▣ 任务实施

一、目标分析

1. 任务目标

按照综合布线工程管理要求,编制项目管理办法,对工程项目全过程进行控制管理。

2. 任务场景

根据综合布线工程项目管理办法,对项目过程中产生的文档报表、合同、库房、物资进销存等内容进行管理。

对项目管理有了初步的了解后,下面开始编制项目管理办法。

名称:工程项目管理办法。

适用范围:本项目管理办法适用于工程项目全过程的控制管理。

二、信息管理

项目期间产生的文档及报表是指自项目招标开始至验收的整个过程,本公司出具或其他方提交的用于进行项目管理或作为法律依据的相关文档资料。

1.项目报备表

出具:市场部销售人员。

出具时间:已获取项目相关基本信息,且业主方已在项目计划阶段。

主要内容:项目业主单位、主要负责人及联系方式、项目主要内容、规模大小、计划实施时间、竞争对手情况等。

作用:作为该项目是否在公司正式立项的依据,项目信息的建立和分析,项目跟踪计划的正式启动,项目涉及产品厂商的确定及报备,以获得及时、有利的支持;项目售前经理的确认,售前资金计划的确认及支出权利,获得技术人员的支持,销售人员工作业绩考核部分,建立客户关系档案。

文档类型:纸介、电子。

用档人:市场部经理、公司总经理。

管理:商务。

存档:纸介——商务,电子——FTP。

2.项目招标书

出具:项目招标方或项目业主。

作用:标的邀约、内容、要求等说明,作为应标文件撰写和项目设计及实施的依据,与合同具有同等的法律地位。

文档类型:纸介。

用档人:商务经理、项目经理。

管理:商务。

存档:商务。

3.项目投标文件(项目方案设计及商务文件)

出具:项目售前经理(技术文件)、商务(商务文件)。

主要内容:根据招标文件要求及调研结果撰写的应标文件,包括用户需求分析、系统方案设计、设备配置选型、项目实施组织结构、实施计划、服务承诺、设备配置清单及项目报价明细、公司资质等。

文档类型:电子、纸介(两份)。

出具时间:收到招标文件至约定交标日。

作用:对项目业主的招标邀约的阐述和承诺,若中标则成为合同的附件,作为项目实施的重要法律约束文件。

用档人:项目业主、项目经理。

审核:市场部经理、技术部门经理。

审批:公司总经理。

存档:纸介——商务,电子——FTP。

4.中标通知书

出具:由项目招标方或业主出具给中标公司。

作用:是确认中标的法律证明文件,同时也是合同签署的通知书。

管理:商务。

文档类型:纸介。

用档人:售前经理。

存档:商务。

5.项目合同书

出具:由公司(项目售前经理)或项目业主提交。

内容:泛指公司业务收入所涉及的集成、工程、技术服务、技术咨询、产品销售等业务合同、附加合同、各种协议等。

出具时间:接到中标通知书、双方达成协议时。

作用:作为公司项目执行的商务承诺、项目管理、财务立项及内部考核的法律和控制依据。

合同管理:工程管理。

初稿审核:工程管理人员、市场部经理、技术部门经理、财务主管经理。

正稿审批:公司总经理。

用档人:售前经理、项目经理、工程管理、财务。

文档类型:纸介、电子。

存档:纸介——商务,电子——FTP。

其他:详见"合同管理"。

6.项目实施进度计划

出具:项目经理。

出具时间:合同签署后3天内提交商务。

主要内容:项目按分项、实施阶段分解实施计划(阶段工作目标、工作内容、实施时间、人员安排、相关资源需求等)。

作用:作为人力资源统筹计划的依据、采购计划的依据、资金计划的依据、项目实施目标考核的依据。

计划管理:工程管理。

审核:实施部门经理。

审批:市场部经理、财务主管经理。

用档人:工程管理、采购。

文档类型:纸介、电子。

存档:纸介——商务,电子——FTP。

7.项目资金计划

出具:销售经理。

出具时间:合同签署后,立即提交商务一份主合同或附加合同的资金计划,必须一次出全,不得分批分次提交。

计划管理:工程管理。

文档类型:纸介、电子。

作用:作为项目物资采购、采购考核、库房管理、财务项目核算及资金支出的重要依据。

依据:项目主合同、附加合同及项目零星变更签证等,否则不得出具项目资金计划。

内容:设备材料名称、型号规格、数量、销售价、投标询价、询价供应商、供货时间地点、施工费用、项目经费、运杂费等。

审批:首先由项目经理审核,然后由总经理和财务主管经理审批后由商务执行。

用档人:工程管理、采购、财务、项目考核。

存档:纸介——商务、财务,电子——PDF。

8.项目合同执行汇总报表

出具:商务。

管理:财务。

作用:公司主管领导可随时由该表查阅公司项目明细(合同金额、单项工程计划和实际成本、总计划和实际总成本、单项毛利、总毛利等项目情况),并以此作为项目利润考核的基本依据。

出具时间:商务根据新合同更新,财务数据单项目结算完毕后一次性提交。

用档人:公司总经理、财务主管经理。

审核:财务主管经理。

文档类型:电子文档,备份除公司领导外不得共享。

存档:财务。

9.项目客户档案

管理维护:商务。

数据来源:项目报备表、财务信息、合同信息。

文档类型:电子。

更新周期:适时更新。

主要内容:单位名称、行政区域、行业类别、单位主要行政负责人及职务、项目主要负责人和职务、财务责任人、开票信息、联系方式、已合作项目、金额等。

作用:建立详尽的客户关系档案,巩固、发展市场客户资源,建立快捷的客户服务渠道,方便商务联系和财务结算。

用档人:商务、财务、项目经理、公司经理。

审核:公司总经理。

存档:FTP(除用档人外不得共享)。

10.项目开工报告

出具:项目经理。

出具时间:工程现场及前期准备工作已具备施工条件时。工程结束后提交商务。

作用:说明项目施工现场已完全具备施工条件或交叉施工时机,我方项目实施前期准备工作已就绪,同时也是业主工程管理的规范程序及施工起始时间确认的证明文件。

审核:项目业主。

用档人:项目业主。

文档介质:纸介。

文档管理:商务。

存档:同合同。

11. 项目停工申请报告

出具:项目经理。

出具时间:由于业主或项目承接方的原因(如现场条件不具备、发生不可抗力、设备材料不能按预计时间进入现场、难以协调时间等),预计工程较长时间无法进行(一般超出项目总约定时间的20%)时。工程结束后提交商务。

主要内容:停工原因、解决措施及负责方、估计停工时间等。

文档介质:纸介。

审核:技术部门经理。

审批:项目业主。

管理:商务。

存档:商务。

12. 设备开箱验收单

出具:项目经理。

提交时间:即合同设备抵达项目现场,项目双方负责人同时在场,对照合同设备明细对所供设备型号、规格、数量、外观、随机资料等进行现场检查,并逐项填写验收单,项目结束时提交商务。

作用:是项目阶段性实施目标的确认,作为项目进度款支付的依据、设备所有权发生转移的法律证据,项目终验文档部分。

审核:业主、项目负责人填写验收意见,双方签字确认。

用档人:项目业主、商务。

文档介质:纸介。

文档管理:商务。

存档:商务。

13. 设备随机资料

出具:设备厂家。

文档介质:纸介或电子。

主要内容:设备使用说明书、用户手册、产品合格证、产品保修卡、随机软件等。

出具时间:设备开箱验收时。

作用:是设备验收不可分割的部分。

用档人:项目业主。

移交:随同设备同时登记并交付业主项目经理。

审核:项目业主。

管理:项目经理。

存档:项目业主。

14. 隐蔽工程记录表

出具:项目经理。

出具时间:隐蔽工程施工完毕,在掩埋或封闭前。项目结束后提交商务。

作用:证明工程施工方法和材料符合合同约定及国家相关标准,是项目整体验收不可或缺的部分。

主要内容:主项目和分项目名称、施工地点/时间、施工内容、施工方法、敷设材料、掩埋或封闭形式等。

文档介质:纸介。

审核:项目业主。

用档人:项目业主。

存档:商务。

15. 项目变更签证

出具:售前经理。

出具时间:项目合同内容发生变更时。签署后立即提交商务。

作用:作为合同外零星变更的技术和商务确认的法律依据,与合同具有同等的法律效力。

主要内容:变更事由、变更内容明细、变更金额等。

审核:实施部门经理。

审批:项目业主。

用档人:商务、财务。

文档介质:纸介。

存档:商务。

16. 项目竣工请验报告

出具:项目经理。

出具时间:项目合同标的全部实施完毕,并按合同约定完成试运行后。

作用:通知项目业主,项目建设已符合合同标的,具备验收条件,可按合同规定时间及要求进入验收程序。

用档人:项目业主。

审核:技术部门经理。

审批:项目业主。

文档介质:纸介。

存档:项目业主。

17. 项目验收文档

出具:项目经理。

出具时间:项目合同标的全部实施完毕,提交项目竣工终验报告前。

文档介质:纸介、电子。

主要内容:开箱验收单、设备加电验收记录、技术方案变更表、项目变更签证、设备参数配置表、竣工图、测试报告、隐蔽工程记录、系统和应用程序、详细设计、工作量统计等。

作用:验收时移交业主,作为项目完成内容、质量、标准的依据及今后业主正常维护的资料。

用档人:项目业主。

管理:商务。

密级:绝密。

存档:纸介——商务,电子——FTP(除指定人员外不得共享)。

18.项目验收表(证书)

出具:项目经理(或项目业主)。

出具时间:竣工验收通过时,由项目经理提交商务。

作用:作为项目实施结果全部符合合同标的并获得业主确认的法律文件及项目结算的依据。

审核:实施部门经理。

审批:项目业主。

文档介质:纸介。

管理:商务。

用档人:商务、财务。

存档:商务。

19.项目建设征询书

出具:项目经理。

出具时间:项目各分项工程结束时,阶段工作结束返回公司前,项目实施期间,项目经理更迭时,逢国家大假前。

作用:及时反馈客户的需求、意见及工程存在的问题,以便适时处理;遏止具有延展或扩充性的问题扩大,降低项目风险和损失;作为对项目经理和其他参与者的考核依据、项目经理更迭时的问题交接依据;树立公司项目管理和服务形象。

用档人:部门经理、项目考核人。

文档介质:纸介。

存档:商务。

20.项目出差申请表

出具:出差者。

主要内容:出差前填报出差目的地、时间和周期、工作目标、任务计划、费用计划等;出差结束后填报工作目标和任务完成情况、部门经理评述、实际发生费用等。

作用:作为工作目标考核及报销的依据。

审核:部门经理。

审批:计划内由财务主管经理审批,计划外由公司总经理审批。

文档介质:纸介。

用档人:部门经理、财务。

21. 项目文档登记表

出具:商务。

出具时间:凡产生新的项目文档并由商务接受、分发时或存档时。

作用:核实项目实施过程中是否按规定形成阶段性管理文档,文档交接时双方登记签字完成移交手续,日常查阅文档时检索之用。

文档介质:纸介。

管理:商务。

22. 其他文档

工程项目中产生的其他文档(如一些安装调试或施工中的记录等)由部门自行编制和管理。

三、合同管理

任何项目都必须签署合同并按规定完成合同审批流程,否则不得实施和产生费用。

在合同的执行过程中,若业主要求合同外成批增加工作量、设备材料等,需增补附加合同;零星增补,必须有项目变更单,否则不得实施。

1. 合同稿

出具:由市场部销售经理负责组织撰稿,技术部门配合完成。

作用:按合同范本撰写合同内容,供商务审核。

合同内容:应包含项目名称、合同当事人单位名称、合同内容和要求(符合同标的)、实施进度计划、实施标准、甲乙双方职责、合同金额、付款方式、税种及开票时间、汇款和开票信息、项目验收标准和方法、违约责任、不可抗力、解决争议的方法、合同生效和终止条款等。

合同附件:包括技术服务承诺、技术方案、设备材料施工报价明细清单等。

合同稿审核:商务工程管理人员、实施部门经理、市场部经理。

用档人:市场部经理、商务工程管理人员。

文档介质:电子。

合同稿的审核:市场部经理审核后,电子文档交商务部门出正稿。

2. 主合同

合同的出具和分发:正式合同一般应由本公司市场部销售经理出具(除非客户方要求乙方出具)。合同签订后,统一由商务部门按使用者权限分发。

作用:作为财务建账立项、项目资金计划、采购、验收、收款等的依据。

合同法律签名:法人代表为公司总经理(法人授权),委托代理人为销售经理。

合同附件:双方均应在每项附件文件上签字盖章认可(或盖骑缝章)。

合同主页(封面):主页必须有合同全称、合同编号(客户方出具合同则在主页上加注合同编码)、年月日(应和合同签署日期一致)。

页眉、页脚：合同必须有页眉、页脚。页眉内容为合同全称，页脚内容为本公司全称、地址、邮箱、电话、第×页、共×页。

合同的审批：合同必须经市场部和工程技术部门经理审阅签字（项目文档登记表），最后由公司总经理审批后方可签约执行。

存档：公司应有两份合同纸介文档（正本、副本各一份），其中正本交商务部门存档，副本交财务部门。其余使用者全部共享电子文档（由商务管理）。

合同记录：合同签订后，由商务部门形成一个合同执行报表的电子文档，和财务部门共享，并分别由商务和财务在表内实时填写相关记录（合同执行汇总表）。

3. 附加合同

出具：销售经理。

作用：主合同生效后，由于主合同内容发生变化而在主合同之外增补的合同。

合同名：主合同名——经济合同＋附加经济合同。

内容：仅说明主合同变更原因、变更内容、实施时间、合同金额、付款方式、报价明细清单等。合同其余条款应注明同主合同。

其他规定：同主合同规定。

4. 委托合同

作用：委托合同是主合同中的部分（或全部）工作内容本公司无法实施，必须委托第三方实施时所签署的合同。

出具：销售经理。

合同名：主合同名——经济合同＋委托内容＋委托合同。

第三方的产生：委托项目应采用招标（或比价）的方式产生第三方（应能出具本公司所要求的税种发票）招标工作由市场部负责，相关部门参与。

内容：同主合同要求。

其他规定：同主合同规定。

5. 合同范本

作用：使合同标准化，避免发生遗漏项、条款不明确、责任不清晰等法律纠纷。

合同范本的出具：由商务工程管理人员出具、维护、更新。

合同范本的使用：本公司所有合同必须采用合同范本，不得随意采用其他格式制作合同。

6. 合同编码

合同编码原则：本编码共分5～7个字段，每字段2位（字母或数字）。

①项目主合同（5个字段）的编码举例。

字段1：合同承接单位——京创太极（TJ）。

字段2：合同类型——集成（JC）、工程（GC）、软件（RJ）、销售（XS）、服务（FW）。

字段3：合同签订时间——年份。

字段4：合同签订时间——月份。

字段5：合同签订时间——日。

②项目附加合同(6个字段)。

若有主合同之外补充、添加的增补合同,则前5个字段同主合同,其后增加1个字段(字段6)。第一位为F,第二位为1~9的流水号。

③委托合同。

主合同中若有部分合同内容须委托第三方实施(如施工等),则需签订委托合同。委托合同编码前5个字段同主合同,其后增加1个字段(字段6)。第一位为W,第二位为1~9的流水号。

④采购合同(7个字段)。

项目采购合同必须从属于相应的主合同。采购合同前5个字段同主合同,其后附加2个字段(字段6、7)。第一字段为CG,第二字段为1~99的流水号。

下面举例说明。

A阶段:2007年5月16日,京创太极和××××单位签订"××××工程项目"(含网络系统设计、设备采购及安装调试、监控系统设备采购及安装调试、综合布线施工等)合同,则主合同编码为TJJC070516。

B阶段:合同执行过程中用户需求改变,又增补了一个合同,则该合同编码为TJJC070516。

C阶段:主合同(含附合同)执行过程中,陆续发生12笔采购,则12笔采购合同编码分别为TJJC070516CG01~TJJC070516CG12。

7.合同名称

合同名称确认:所有合同名称均由商务工程管理人员审核确认。

名称规定:应简练明确,即项目业主名(简称)+项目主要内容+经济合同。

名称统一:与主合同有关的所有文件[如附加合同、委托合同、项目资金计划、项目实施文档、财务账务、凭证(科目、入出库单、现金和支票领用单、报销单等)等]必须与主合同名称完全一致。

8.合同审核

审核人:商务工程管理人员。

审核内容:主体内容包括标的内容、验收方式、提交资料、付款方式、金额核对、违约规定,以及合同附件等。

合同格式:包括合同名称、合同编码、合同条款、合同签名盖章、合同附件等。

四、库房管理

1.岗位设置

库房管理岗位设在综合管理部,由商务人员负责。

2.岗位职责

库房管理岗位主要负责物资出入库管理、库房实物管理、物资的配送。

3.入出库

①入库验收。

验收内容:入库单是验收的唯一依据,根据合同订货品名、规格型号、数量、随机资料、外观、包装等逐一验收。

库房验收:由采购和库管共同负责。

现场验收:直送项目现场时,由项目经理开箱验收。发现问题时,及时通知商务处理。

②入库:采购人员将采购合同交付库管的过程,即为办理入库(等同于入库单)手续(标明品名、规格型号、数量、采购价、领用项目信息)。此时,库管人员应立即在财务系统中办理入库录入。

③在财务系统中建立库房台账明细。

④出库:库管开具出库单(标明品名、规格型号、数量、销售价、供货项目名称、领用人签字)。如果直接配送现场,则应事后补办出库手续。此时,库管人员应在财务系统中办理出库数据录入。

4.物资保管

库存物资主要包括项目采购物资、公司公用设备和工具、办公用品等,应实行定制管理并时刻保持库房的整洁和安全。

5.盘库

商务、财务部门每月应进行一次盘存,核查物资账面数与实物是否相符、出入库是否有误、物资是否完好,以及库房存放环境是否符合标准。

五、物资进销存管理

1.采购管理

①岗位设置:采购岗位一般设在商务部,由商务人员负责,其他任何人均不得自采购。

②岗位职责:根据项目资金计划和项目进度计划,按时将符合计划的物资(品种、规格数量)以合理的价格采购入库,或送达计划地点(直送现场)。

③供应商的确认原则。

a.竞标寻价商:商务经理在项目资金计划中列明的供应商。

b.内地供应商:在时间允许的情况下,尽可能地选择内地的供应商或厂家。

c.长期合作伙伴:具有良好的信誉度和服务体系。

d.询价比价:商务在采购前应至少选择两家以上的供应商就所购商品进行询价,以确定最终供应商。

④采购限价:项目整体采购价不得高于采购计划价的98%,并以此作为对商务采购的考核标准之一。整体价格若超出计划价的102%,应由主管经理签字认可。

2.采购合同

①合同的出具:商务采购。

②合同要求:必须符合项目资金计划的全部要求,若有变动应征的项目,应由售前经理确认和主管经理审批。

③合同审批:经公司财务核对,交主管经理审批后即可执行。

④合同管理:由商务统一管理。合同原件必须一式两份,一份商务自留,一份交财务。

此外,还应复印一份交库管。

3. 采购票据

①支票头：采购必须及时将支票头返回财务核销。

②采购发票：本地支票和现金采购结束，采购必须立即索取采购发票及明细清单，并将其提交财务做账；外地项目经理直接采购，返回后首先将票据提交采购审核并办理进销存手续，然后将票据移交财务做账；汇款采购，采购应协助财务催办发票。

③收据：本地或外地采购，若无发票则必须有相关收据。在当地税务局代开发票后，采购人必须将收据和对应发票一并提交财务报账。

4. 库房管理

①岗位设置：库房管理岗位一般设在商务部，由库管人员负责。

②岗位职责：主要负责物资出入库管理、库房实物管理、物资的配送。

③入出库规定。

a. 入库验收。

• 验收内容：订货合同是入库验收的唯一依据，根据合同订货品名、规格型号、数量、随机资料、外观、包装等逐一验收。

• 库房验收：由商务库管和采购共同负责。

• 现场验收：直送项目现场时，由项目经理开箱验收。发现问题时，应及时通知商务处理。

b. 入库：采购人员将采购合同交付库管的过程，即为办理入库手续。同时，库管还要向财务开具出库单（标明品名、规格型号、数量、采购价），并立即建立台账明细。

c. 出库：库管开具出库单（标明出库品名、规格型号、数量、销售价、供货项目名称等），经领用人签字后提交财务，直接配送现场则应将出库单发至项目现场，领用人验收签字，返回公司将出库单提交库管，库管核实无误后一份存档，一份交财务做账。

d. 台账核对：财务应随时根据入出库单核对进销存台账，项目结束（验收）后，应和商务一起对该项目整体进行最终盘库。

④物资保管：库存物资主要包括项目采购物资、库存物资、公司公用设备、工具、办公用品等，应实行定制管理并时刻保持库房的整洁和安全。

⑤盘库：由商务、财务每季度进行一次，核查物资账面数与实物是否相符、出入库是否有误、物资是否完好、库房存放环境是否符合标准。

任务小结

项目管理是一种已被公认的管理模式，是在20世纪50年代后期发展起来的一种计划管理方法，它在工程技术和工程管理领域起到越来越重要的作用，已得到广泛的应用。

所谓项目管理，是指项目的管理者，在有限资源的约束下，运用系统的观点、方法和理论，对项目涉及的全部工作进行有效的管理，即从项目的投资决策开始到项目结束的全过程进行计划、组织、指挥、协调、控制和评价，以实现项目的目标。

项目经理人也就是项目负责人，负责项目的组织、计划及实施过程，以保证项目目标的成功实现。项目经理人的任务就是要对项目实行全面的管理，具体体现在对项目目标要有个全局的观点,并制定计划,报告项目进展,控制反馈,组建团队,在不确定的环境下对不确定性问题进行决策,在必要时进行谈判及解决冲突。

任务二 综合布线工程验收

任务描述

按照综合布线系统工程验收标准及依据,对验收内容按步骤进行全程验收。根据综合布线系统工程验收组织的不同,在项目工程全阶段中,进行随工验收、竣工验收,最终做出验收结论判定。

任务目标

①了解综合布线系统工程验收的实施步骤。
②了解综合布线系统工程验收的标准、内容和组织形式。
③掌握工程随工验收的技能。
④掌握工程竣工验收的技能。

任务实施

一、工程随工验收

某系统集成公司参加某职业技术学院新图书馆网络综合布线工程招标项目,通过竞标成功获得该工程项目并依法签订了工程合同。为了保证工程的施工质量,公司总经理委派你作为该项目的工程监理人员,负责工程监理工作。

在工程施工过程中,部分工程必须实行随工验收,特别是隐蔽工程。这样才能做到及时发现工程问题,还可以减少总工程验收的工作量。因此,作为工程监理人员,必须掌握随工验收的内容和技术要点。《综合布线系统工程验收规范》(GB/T 50312—2016)规定了设备安装,楼内的铜缆、光缆布放,缆线端接等工程必须实施随工验收。

针对某职业技术学院新图书馆网络综合布线工程,通过查阅设计方案,明确了随工验收的内容,即该楼的工作区信息插座、模块的端接,配线子系统中水平缆线的布放、电信间设备的安装、主干线缆的布放以及设备间设备的安装等工程施工内容。根据《综合布线系统工程验收规范》(GB/T 50312—2016)规定的工程检查及验收技术要点,针对以上随工验收内容开展工程监理工作。

1. 工作区信息插座及模块端接的验收

根据设计方案,每个工作区安装2个以上双口信息插座,电子阅览室内信息点密集,直接采用线缆端接水晶头接入方式。针对这种施工方案,应采取以下验收程序。

①根据施工图纸,检查工作区内信息插座安装的位置是否准确。
②检查信息插座面板及模块安装的方向是否正确。

③检查缆线及信息插座面板是否贴上标签,标签内容是否正确。

④抽查压接好的信息模块,检查模块压接是否安装牢固,并且接触良好。要求模块压接时,每对双绞线应保持扭绞状态,对于三类电缆扭绞松开长度不应大于 75 mm;对于五类电缆扭绞松开长度不应大于 13 mm;对于六类电缆扭绞松开长度应尽量保持扭绞状态,减小扭绞松开长度。

使用线缆通断测试仪器,检查模块连通状况以及压接线序是否正确。双绞线与 8 位模块式通用插座相连时,必须按色标和线对顺序进行卡接。插座类型、色标和编号应符合 T568A 或 T568B 的规定。T568A 或 T568B 两种连接方式均可采用,但在同一布线工程中不应混合使用两种连接方式。

⑤如果采用屏蔽双绞线布线系统,则要检查屏蔽双绞电缆的屏蔽层与连接器件端接处,屏蔽罩是否通过紧固器件可靠接触,缆线屏蔽层应与连接器件屏蔽罩 360°圆周接触,接触长度不宜小于 10 mm。

2. 水平缆线布放的验收

根据设计方案,大楼房间内的缆线布放采用明装 PVC 线槽方式,楼层走廊采用吊顶安装方式。针对这种施工方案,应采取以下验收程序。

①首先检查水平缆线布放的路由是否符合施工图纸的要求。

②检查缆线的布放是否自然平直,是否产生扭绞、打圈和接头等现象。正常情况下缆线不应受外力的挤压和损伤。

③检查缆线两端是否贴有标签,是否标明编号。标签书写应清晰、端正和正确。标签应选用不易损坏的材料。

④检查缆线是否留有余量以适应终接、检测和变更。对于双绞电缆预留长度,在工作区宜为 3~6 cm,电信间宜为 0.5~2 m,设备间宜为 3~5 m。光缆布放路由宜盘留,预留长度宜为 3~5 m,有特殊要求的应按设计要求预留长度。

⑤检查缆线的弯曲半径是否符合要求,具体规定如下:

a. 非屏蔽 4 对双绞电缆的弯曲半径应至少为电缆外径的 4 倍。

b. 屏蔽 4 对双绞电缆的弯曲半径应至少为电缆外径的 8 倍

⑥检查水平缆线与水平布放的电源线的间距是否符合要求,具体要求如表 8-1 所示。

表 8-1 双绞电缆与电力电缆的最小净距条件

条件	最小净距(nm)		
	380 V <2 kV·A	380 V 2~5 kV·A	380 V >5 kV·A
双绞电缆与电力电缆平行敷设	130	300	600
有一方在接地的金属槽道或钢管中	70	150	300
双方均在接地的金属槽或钢管中❶	10❷	80	150

❶ 当 380 V 电力电缆<2 kV·A,双方都在接地的线槽中,且平行长度≤10 m 时,最小间距为 10 mm。

❷ 双方都在接地的线槽中是指两个不同的线槽可在同一线槽中用金属板隔开。

⑦检查 PVC 管槽内布放的电缆容量是否符合要求,相关规定如下:

a. 明装的 PVC 管槽的截面利用率应为 70%以内。

b. 预埋或密封线槽的截面利用率应为 30%～50%。

⑧检查走廊吊顶的布线是否符合规范,具体要求如下:

a. 采用吊顶支撑柱作为线槽。在顶棚内敷设缆线时,每根支撑柱所辖范围内的缆线可以不设置密封线槽进行布放,但应分束绑扎。缆线应阻燃,其选用应符合设计要求。

b. 吊顶支撑柱中电力线和综合布线缆线合一布放时,中间应有金属板隔开,间距应符合设计要求。

3. 主干线缆布放的验收

根据设计方案,主干光缆采用垂直布放的方式,以垂直金属槽作为支撑。针对这种施工方案,应采取以下验收程序。

①检查主干光缆布放的路由是否符合施工图纸的要求。

②检查缆线两端是否贴有标签,是否标明编号。标签书写应清晰、端正和正确。标签应选用不易损坏的材料。

③检查光缆是否有余量以适应终接、检测和变更。光缆布放路由宜盘留,预留长度宜为3～5 m,有特殊要求的应按设计要求预留长度。

④检查缆线的弯曲半径是否符合要求,具体规定如下。

a. 主干双绞电缆的弯曲半径应至少为电缆外径的 10 倍。

b. 2 芯或 4 芯水平光缆的弯曲半径应大于 25 m,其他芯数的水平光缆、主干光缆和室外光缆的弯曲半径应至少为光缆外径的 10 倍。

⑤检查管槽内敷设缆线是否符合规定,具体要求如下:

a. 敷设线槽和暗管的两端宜用标志表示出编号等内容。

b. 预埋线槽宜采用金属线槽,预埋或密封线槽的截面利用率应为 30%～50%。

c. 敷设暗管宜采用钢管或阻燃聚氯乙烯硬质管。布放大对数主干电缆及 4 芯以上光缆时,直线管道的管径利用率应为 50%～60%,弯管道应为 40%～50%。暗管布放 4 对双绞电缆或 4 芯及以下光缆时,管道的截面利用率应为 25%～30%。

⑥检查缆线桥架和线槽敷设缆线是否符合要求,具体要求如下:

a. 密封线槽内缆线布放应顺直,尽量不交叉,在缆线进出线槽部位和转弯处应绑扎固定。

b. 缆线桥架内的缆线垂直敷设时,在缆线的上端和每间隔 1.5 m 处应将缆线固定在桥架的支架上;水平敷设时,在缆线的首、尾、转弯及每间隔 5～10 m 处进行固定。

c. 在水平、垂直桥架中敷设缆线时,应对缆线进行绑扎。双绞电缆、光缆及其他信号电缆应根据缆线的类别、数量、缆径和缆线芯数分束绑扎。绑扎间距不宜大于 15 m,间距应均匀,不宜绑扎得过紧或使缆线受到挤压。

d. 楼内光缆在桥架敞开敷设时应在绑扎固定段加装垫套。

4. 电信间和设备间设备安装验收

根据设计方案,大楼每层楼设置电信间,以对楼层线路进行集中管理。大楼一层设置设备间,以对大楼的线路进行集中管理。针对这种施工方案,应采取以下验收程序。

①检查电信间和设备间的机柜和机架安装位置是否符合设计要求,垂直偏差度不应大于3 mm。机柜、机架上的各种零件不得脱落或损坏,漆面不应有脱落及划痕,各种标志应完整、清晰。

②检查电信间和设备间机柜、机架、配线设备箱体、电缆桥架及线槽等设备的安装是否牢固,如有抗震要求,应按抗震设计进行加固。

③检查电信间和设备间的机柜内线缆理线是否整齐、美观。

④检查各类配线部件安装是否符合下列要求:

a. 各部件应完整、安装就位、标志齐全。

b. 安装螺丝必须拧紧,面板应保持在一个平面上。

⑤抽查已压接好的模块化配线架、线缆端接是否牢固、接触是否良好、线缆端接过程中双绞线缆松开的长度是否符合要求。

⑥使用线缆通断测试仪检查配线架模块压接连通状况以及压接线序是否正确。

⑦检查电信间和设备间内电缆桥架及线槽的安装是否符合下列要求:

a. 桥架及线槽的安装位置应符合施工图要求,左右偏差不应超过 50 mm。

b. 桥架及线槽水平度每米偏差不应超过 2 mm。

c. 垂直桥架及线槽应与地面保持垂直,垂直度偏差不应超过 3 mm。

d. 线槽截断处及两线槽拼接处应平滑、无毛刺。

e. 吊架和支架安装应保持垂直、整齐牢固、无歪斜现象。

f. 金属桥架、线槽及金属管各段之间应保持连接良好,安装牢固。

g. 采用吊顶支撑柱布放缆线时,支撑点宜避开地面沟槽和线槽位置,支撑应牢固。

⑧检查电信间和设备间内安装机柜、机架、配线设备屏蔽层及金属管、线槽、桥架使用的接地体是否符合设计要求,是否就近接地并保持良好的电气连接。

二、工程竣工验收

某职业技术学院新图书馆网络综合布线工程经过某系统集成公司三个月的施工,完成了工程预定的施工任务。项目结束时,公司项目管理人员、监理人员、施工队负责人和学院技术部门负责人一起组织了工程的初步验收工作。在项目已交付学院使用近一个月后,系统集成公司提出竣工验收的请求。公司的项目管理负责人受公司总经理委派全权负责工程竣工验收工作。

竣工验收由施工单位提出申请,经使用单位同意后,共同组织人员开展工程验收工作。工程竣工验收前,要准备好施工图、随工验收记录、初步验收文档等文件,最好还要让该学院的使用部门出具一个月的系统初步运行报告,以便明确竣工验收的可行性。作为项目负责人,首先要清楚竣工验收的流程,即竣工验收的申请、现场验收、系统测试、竣工文档的编制等,还要明确现场验收、系统测试的技术要求,具体可以查看《综合布线系统工程验收规范》(GB/T 50312—2016)。竣工验收完成后,还应该给使用单位提供一套完整的竣工文档,便于系统的运行维护。

1. **竣工验收的申请**

综合布线系统施工完成并交付使用半个月内,由建设单位向上级主管部门报送竣工报告(含工程的初步决算及试运行报告),并请示主管部门接到报告后,组织相关部门按竣工验收办法对工程进行验收。工程竣工验收申请表如表 8-2 所示。

表 8-2　工程竣工验收申请表

工程名称:				工程地点:			
建设单位:				施工单位:			
计划开工:	年	月	日	实际开工:	年	月	日
计划竣工:	年	月	日	实际竣工:	年	月	日
隐蔽工程完成情况:							
提前和推迟竣工的原因:							
工程中出现和遗留的问题:							
主抄:			施工单位意见:			建设单位意见:	
抄送:			签名:			签名:	
报告日期:			日期:			日期:	

工程竣工验收申请表应该递交给建设单位的项目负责人,并转交单位分管领导批准后,方可开展竣工验收工作。

2. **现场验收**

现场验收由施工方、用户方和监理方三个单位分别组织人员参与。主要验收工作区子系统、水平子系统、主干子系统、设备间子系统、管理子系统和建筑群子系统的施工工艺是否符合设计的要求,检查建筑物内的管槽系统的设计和施工是否符合要求,检查综合布线系统的接地和防雷设计、施工是否符合要求。现场验收的具体内容参照《综合布线系统工程验收规范》(GB/T 50312—2016)。工程施工过程中,隐蔽工程内容已通过随工验收,并出具了合格验收报告,因此相关内容不需要重复验收。工程经过初步验收后,对发现的不合格问题已及时做了整改,因此现场验收主要以外观检验以及现场抽测为主。在验收过程中发现不符合要求的地方,要进行详细记录,并要求限时进行整改。

3. **系统测试**

系统测试主要是检测整个系统的电气性能是否符合设计方案的要求。系统测试结论要作为工程竣工资料的组成部分及工程验收的依据之一。系统测试的内容主要遵照综合布线系统的测试标准和规范执行。测试项目要根据系统规定的性能要求来确定,如五类布线系统的测试项目有连接图、长度、衰减和近端串扰等项目。竣工验收之前,已开展了随工验收和初步验收,因此系统测试不再对所有布线铜缆和光缆通道进行逐一测试,而是采用抽样测试的方式进行,一般抽样测试比例不低于10%,抽样点应包括最远布线点。

系统性能检测单项合格判定包括以下内容:

①如果一个被测项目的技术参数测试结果不合格,则该项目判为不合格。如果一个被测项目的检测结果与相应规定的差值在仪表准确度范围内,则该被测项目判为合格。

②按验收规范的指标要求,采用4对双绞电缆作为水平电缆或主干电缆,所组成的链路或信道有一项指标测试结果不合格,则该水平链路、信道或主干链路判为不合格。

③主干布线大数电缆中按4对双绞线对测试,指标有一项不合格,则判为不合格。

④如果光纤信道测试结果不满足验收规范的指标要求,则该光纤信道判为不合格。

⑤未通过检测的链路、信道的电缆线对或光纤信道可在修复后复检。

竣工检测综合合格判定包括以下内容:

①双绞电缆布线全部检测时,无法修复的链路、信道或不合格线对数量有一项超过被测总数的1%,则判为不合格。光缆布线检测时,如果系统中有一条光纤信道无法修复,则判为不合格。

②双绞电缆布线抽样检测时,被抽样检测点(线对)不合格比例不大于被测总数的1%,则视为抽样检测通过,不合格点(线对)应予以修复并复检。被抽样检测点(线对)不合格比例如果大于1%,则视为一次抽样检测未通过,应进行加倍抽样。加倍抽样不合格比例不大于1%,则视为抽样检测通过。若不合格比例仍大于1%,则视为抽样检测不通过,应进行全部检测,并按全部检测要求进行判定。

③全部检测或抽样检测的结论为合格,则竣工检测的最后结论为合格;全部检测的结论为不合格,则竣工检测的最后结论为不合格。

④综合布线管理系统检测,标签和标识按10%抽检,系统软件功能全部检测。检测结果符合设计要求,则判为合格。

4. 竣工验收文档的编制

工程竣工验收文档为项目的永久性技术文件,是建设单位使用、维护、改造和扩建的重要依据,也是对建设项目进行复查的依据。在项目竣工后,项目经理必须按规定向建设单位移交档案资料。竣工文档应包括项目的提出、调研、可行性研究、评估、决策、计划、勘测、设计、施工、测试和竣工的工作中形成的所有文件材料。竣工文档一般包含以下文件:

①安装工程量。

②工程说明。

③设备和器材明细表。

④竣工图纸。

⑤测试记录(宜采用中文表示)。

⑥工程变更、检查记录以及施工过程中需更改设计成采取的相关措施,建设、设计和施工等单位之间的双方洽商记录。

⑦随工验收记录。

⑧隐蔽工程签证。

⑨工程决算。

竣工验收文档制作要保证质量,做到外观整洁、内容齐全、数据准确。

（⚙） 任务小结

本任务通过实际案例介绍了综合布线工程验收的内容以及工作流程。通过本任务的学习,应了解综合布线系统工程验收的实施步骤,掌握综合布线系统工程验收的标准、内容和组织形式。

附录 A
缩 略 语

缩写	英文全称	中文全称
4C	Computer、Control、Communication、CRT	计算机、自动控制、通信、图形显示
ACR	Attenuation to Crosstalk Ratio	衰减与串扰比
AESC	American Engineering Standards Committee	美国工程标准委员会
AIEE	American Institute of Electrical Engineers	美国电气工程师协会
ANSI	American National Standards Institute	美国国家标准学会
ASA	American Standards Association	美国标准协会
ASCE	American Society of Civil Engineers	美国土木工程师协会
ASME	American Society of Mechanical Engineers	美国机械工程师协会
ASMME	American Society of Mining and Metallurgical Engineers	美国矿冶工程师学会
ASTM	American Society of Testing Materials	美国材料试验协会
AT&T	American Telephone & Telegraph	美国电话电报公司
ATM	Asynchronous Transfer Mode	异步传输模式
AWG	American Wire Gauge	美国线缆标准
BA	Building Automatization	楼宇自动化
BACS	building automation and control system	楼宇自动控制系统
BAS	building automation system	楼宇自动化系统
BD	Building Distributor	建筑物配线设备
CA	Communication Automatization	通信自动化
CAS	communication automation system	通信自动化系统
CATV	Community Antenna Television	有线电视
CCIA	Computer and Communications Industry Association	计算机通信工业协会
CCIF	International Telephone Consultative Committee	国际电话咨询委员会
CCIT	International Telephone Consultative Committee	国际电报咨询委员会
CCITT	International Telephone and Telegraph Consultative Committee	国际电报电话咨询委员会
CCTT	Certified Cabling Test Technician	布线测试认证工程师培训
CD	Campus Distributor	建筑群配线设备
CDDI	Copper Distributed Data Interface	铜线分布数据接口高速网络标准

缩写	英文全称	中文全称
CEN	The European Committee for Standardization	欧洲标准化委员会
CENELEC	European Committeefor Electrotechnical Standardization	欧洲电工标准化委员会
CISPR	Commission Internationale Speciale des Perturbations Radio	国际无线电干扰特别委员会
CP	Consolidation Point	集合点
dB	dB	电信传输单位：分贝
dB_m	dB_m	取 1mW 作基准值，以分贝表示的绝对功率电平
dB_{mo}	dB_{mo}	取 1mW 作基准值，相对于零相对电平点，以分贝表示的信号绝对功率电平
DCN	Digital conference network	数字会议网
DSP	Digital Signal Processing	数字信号处理技术
EFTA	European Free Trade Area	欧洲自由贸易地域
EIA	Electronic Industries Association	美国电子工业协会
ELFEXT	Equal Level Far End Crosstalk	等电平远端串音
EMC	Electro Magnetic Compatibility	电磁兼容性
EMI	Electro Magnetic Interference	电磁干扰
EMS	energy management system	设计能源管理系统
EN	European Norm	欧洲标准
ER	Equipment Room	设备间
FC	Fiber Channel	光纤信道
FD	Floor Distributor	楼层配线设备
FDDI	Fiber Distributed Data Interface	光纤分布数据接口
FDM	Frequency Division Multiplex	频分多路技术
FEP	[(CF(CF)-CF)(CF-CF)]	FEP 氟塑料树脂
FEXT	Far End Crosstalk	远端串扰
FR	Frame Relay	帧中继网
FTP	Foil Twisted Pair	金属箔双绞线
FTTB	Fiber To The Building	光纤到大楼
FTTD	Fiber To The Desk	光纤到桌面
FTTH	Fiber To The Home	光纤到家庭
FWHM	Full Width Half Maximum	谱线最大宽度
GCS	Generic Cabling System	综合布线系统
HDTDR	High Definition Time Domain Reflectometry	高精度时域反射
HDTHX	High Definition Domain Crosstalk	高精度时域串扰分析
HIPPI	High Perform Parallel Interface	高性能并行接口
HUB	HUB	集线器

缩写	英文全称	中文全称
HVAC	Heating，Ventilation and Air Conditioning	供暖、通风和空调系统
IBDN	Integrated Building Distribution Network	楼宇综合布线网络
IBM	International Business Machine	国际商用机器公司
IBS	Intelligent Building System	智能大楼系统
IDC	Insulation Displacement Connection	绝缘压穿连接
IDC	Internet Data Center	数据中心
IEC	International Electrotechnical Commission	国际电工技术委员会
IEEE	The Institute of Electrical and Electronlce Engineers	美国电气及电子工程师学会
IFRB	nternational Frequency Registration Board	国际频率登记委员会
ISDN	Integrated Building Distribution Network	建筑物综合分布网络
ISO	Integrated Organization for Standardizafion	国际标准化组织
ITU	International Telecommunication Union	国际电信联盟
ITU-T	International Telecommunication Union-Telecommunications（formerly CCITT）	国际电信联盟-电信(前称 CCITT)
KSU	key service units	键控服务单元
LAN	local area network	局域网
LIU	Lightguide Interconnection Unit	光纤互连装置
LSCN	Low Smoke Non-Combustible	低烟非燃
LSHF-FR	Low Smoke Halogen Free-Flame Retardant	低烟无卤阻燃
LSLC	Low Smoke Limited Combustible	低烟阻燃
LSOH	Low Smoke Zero Halogen	低烟无卤
MDNEXT	Multiple Disturb NEXT	多个干扰的近端串音
MLT-3	Multi-Level Transmission-3	3 电平传输码
MMTA	Multimedia Telecommunications Association	多媒体通信协会
MUTO	Multi-User Telecommunications Outlet	多用户信息插座
N/A	Not Applicable	不适用的
NEXT	Near End Crosstalk	近端串音
NIC	Network interface card	网络接口卡
OA	Office Automatization	办公自动化
OAS	office automation system	办公自动化系统
OCU	Office Channel Unit	局内信道单元
OIU	Office Interface Unit	局内接口单元
PBX	Private Branch exchange	用户电话交换机
PC	Personal Computer	个人计算机
PDS	Premises Distribution System	建筑物布线系统
PFA	［(CF (OR)-CF)（CF-CF)］	PFA 氟塑料树脂

缩写	英文全称	中文全称
PSELFEXT	Power Sum ELFEXT	等电平远端串音的功率和
PSELFEXT	Power Sun ELFEXT	综合等效远端串扰
PSNEXT	Power Sum ELFEXT	近端串音的功率和
PVC	Polyvinyl chlorid	聚氯乙烯
RF	Radio Frequency	射频
RL	Return Loss	回波损耗
SC	Subscriber Connector (Optical Fiber)	用户连接器(光纤)
SC-D	Subscriber Connector -Dual (Optical Fiber)	双联用户连接器(光纤)
SCS	Structured Cabling System	结构化布线系统
SCTP	Stream Control Transmission Protocol	流控制传输协议
SDU	Synchronous Data Unit	同步数据单元
SFTP	Shielded Foil Twisted Pair	屏蔽金属箔双绞线
SM FDDI	Single -Mode FDDI	单模 FDDI
SNR	Signal noice ratio	信噪比
STP	Shielded Twisted Pair	屏蔽双绞线
TC	Technical Committee	技术委员会
TERA	The Electrical Research Association	电学研究协会
TIA	Telecommunications Industry Association	美国电信工业协会
TO	Telecommunications Outlet	信息插座(电信引出端)
TP	Transition Point	转接点
TP-PMD/CDDI	Twisted Pair-Physical Layer Medium Dependent/ cable Distributed Data Interface	依赖双绞线介质的传送模式/ 或称铜缆分布数据 接口
UCS	User Coordinate Systen	用户坐标系
UL	Underwriters Laboratories	美国保险商实验所安全标准
UNI	User Network Interface	用户网络侧接口
USASI	United States of America Standards Institute	美国标准学会
USTSA	United States Telecommunications Suppliers Association	美国电信供应商联合会
UTP	Unshielded Twisted Pair	非屏蔽双绞线
VOD	Video-On-Demand	视频点播
Vr. m. s	Vroot. mean. square	电压有效值
VSAT	Very Small Aperture Terminal	甚小天线地球站
WCS	World Coordinate System	世界坐标系

参 考 文 献

［1］陈光辉,黎连业,王萍,等.网络综合布线系统与施工技术[M].5版.北京:机械工业出版社,2018.

［2］姜大庆,洪学银,吴中华,等.综合布线系统设计与施工[M].2版.北京:清华大学出版社,2017.

［3］邓泽国.综合布线设计与施工[M].3版.北京:电子工业出版社,2018.